W0252873

Claudia Nuber

Business-Spielregeln für Frauen

Im Gedenken an Ralf Dahrendorf,
Visionär, Pragmatiker, Soziologe und liberaler Geist europäischer Chancengleichheit

Claudia Nuber

Business-Spielregeln für Frauen

Im Bürodschungel überleben und vorankommen

REDLINE | VERLAG

Bibliografische Information der Deutschen Nationalbibliothek

Die Deutsche Nationalbibliothek verzeichnet diese Publikation in der Deutschen Nationalbibliografie.
Detaillierte bibliografische Daten sind im Internet über http://dnb.d-nb.de abrufbar.

Für Fragen und Anregungen:
nuber@redline-verlag.de

1. Auflage 2009

© 2009 by Redline Verlag, ein Imprint der FinanzBuch Verlag GmbH, München,
Nymphenburger Straße 86
D-80636 München
Tel.: 089 651285-0
Fax: 089 652096

Alle Rechte, insbesondere das Recht der Vervielfältigung und Verbreitung sowie der Übersetzung, vorbehalten. Kein Teil des Werkes darf in irgendeiner Form (durch Fotokopie, Mikrofilm oder ein anderes Verfahren) ohne schriftliche Genehmigung des Verlages reproduziert oder unter Verwendung elektronischer Systeme gespeichert, verarbeitet, vervielfältigt oder verbreitet werden.

Redaktion: Leonie Zimmermann, Landsberg am Lech
Lektorat: Monika Schuch, Rosenheim
Umschlaggestaltung: Weiss/Zemsch/Partner, WERKSTATT München
Umschlagabbildung: Plainpicture/Fancy
Satz: Jürgen Echter, Landsberg am Lech
Druck: Triltsch, Ochsenfurt-Hohestadt
Printed in Germany

ISBN 978-3-86881-055-4

Weitere Infos zum Thema:

www.redline-verlag.de
Gerne übersenden wir Ihnen unser aktuelles Verlagsprogramm.

Inhalt

Anmerkung

Um das Arbeiten mit diesem Buch für Sie möglichst einfach und effizient zu gestalten, haben wir wichtige Textpassagen mit folgenden Icons gekennzeichnet:

! Achtung, wichtig

To do Aufgabe, Übung

STOP Das sollten Sie auf jeden Fall vermeiden.

z.B. Beispiel

Tipp Tipp

Vorwort

Will ein Mensch die Welt bewegen, so bewege er sich selbst zuerst.
Sokrates

Liebe Leserin, lieber Leser,
dieses Buch richtet sich an Karrierefrauen gleichermaßen wie an Frauen, die wieder einsteigen und beruflich vorankommen wollen. Es ist gedacht als Begleiter auf Ihrem Karriereweg, als Nachschlagewerk für Momente der Unsicherheit. Die Arbeit an Ihrer Entwicklung und Ihren persönlichen Einsatz kann Ihnen niemand abnehmen, aber ich begleite Sie sehr gern in diesem Buch und auf Wunsch persönlich, damit Sie leichter und schneller vorankommen. Kontinuierliche Fort- und Weiterbildung, alles, was Ihr Repertoire erweitert, hilft Ihnen, in dieser schnell drehenden Welt mitzuhalten. Bei aller Dynamik empfehle ich Ihnen, gezielt zu entschleunigen und die Bodenhaftung zu behalten.

Als lösungsfokussierte Coach, die mit Menschen arbeitet, die sich in den unterschiedlichsten Hierarchieebenen und Formen des Business-Dschungels befinden, erlebe ich immer wieder unnötige Grabenkämpfe, die viel Zeit und Kraft kosten. Nutzen wir doch die Energie, die in diesen Scharmützeln verbraucht wird, für einen wertschätzenden und partnerschaftlichen Umgang miteinander! Männer und Frauen sind nun einmal verschieden – und das ist gut so. Jeder Mensch ist einzigartig. Wenn wir uns dessen stets bewusst und als gleichwertige Partner unterwegs sind, können wir uns gegenseitig wunderbar ergänzen und voneinander lernen. So lässt sich die bunte Dschungelvielfalt, die diese (Business-)Welt ausmacht, gemeinsam erfolgreich und vergnügt nutzen. Lassen Sie sich darauf ein und gestalten Sie mit.

Wie dieses Buch aufgebaut ist:

Nach einem Vorspann gliedert sich das Buch in zwei unterschiedliche Teile. In Kapitel 1 bis 4 helfe ich Ihnen herauszufinden, was Sie an Voraussetzungen und Wissen über sich selbst mitbringen, um im Business erfolgreich mitzuspielen. Überprüfen Sie sich ehrlich und überlegen Sie, was für Sie persönlich passt und was eben nicht. Denn ein Nein zu dem einen ist gleichzeitig ein Ja zu etwas anderem.
Ab Kapitel 5 zeige ich typische Business-Situationen auf und gebe Ihnen unterschiedliche Coaching-Impulse sowie praktische Tipps für Ihr Vorankommen.

Was Ihnen dieses Buch bietet:

Als Coach biete ich Ihnen statt »So müssen Sie's machen«-Rezepte vielfältige und unterschiedliche Impulse aus meinem Instrumentarium an, damit Sie die Situationen, in denen Sie sich befinden, für Sie passend gestalten können. Zusätzlich finden Sie klar gegliederte Vorgehensweisen für gängige Business-Themen. Sie entscheiden, was Sie in Ihren Alltag integrieren, und lernen, die eigene Verantwortung für Ihr Vorankommen zu übernehmen. Ich schreibe in allgemeinverständlicher, leicht nachvollziehbarer Form mit Geschichten, Fallbeispielen und einer Prise Humor. Themen, die nur angerissen sind, vertiefen Sie bitte mit den Literaturempfehlungen. Und noch ein Hinweis: Der leichteren Lesbarkeit zuliebe verwende ich fallweise nur die männliche Form, obwohl Frauen und Männer gleichermaßen gemeint sind. Bitte haben Sie Verständnis dafür.

Ihr persönlicher Zusatznutzen durch die Arbeit mit diesem Buch:

Dieses Buch ist voller Hinweise und manchmal konfrontierender Denkanstöße, um Ihrer Einzigartigkeit und der jedes Menschen in verschiedenen Situationen gerecht zu werden. Über diese Kombination kommen Sie vom Denken geschmeidig ins Handeln, erweitern mehr und mehr Ihre eigenen Spielräume und finden immer wieder Ihre Orientierung in der Unübersichtlichkeit des heutigen Business-

Alltags. So behalten Sie in komplexen Situationen weitgehend den Überblick.
Meine Empfehlung ist, dass Sie sich ein Arbeitsheft anlegen, um Ihre Überlegungen, die gewonnenen Erkenntnisse, Erfolge, Vorhaben und Strategien in schriftlicher Form festzuhalten. Selbstverständlich können Sie zusätzlich meine Workshops und Coachings buchen.

Ich ermuntere Sie ausdrücklich, Ihre eigene Balance zwischen notwendiger Anpassung und möglicher Individualität stets aufs Neue zu (er)finden. Entwickeln Sie Fingerspitzengefühl für Ihr Vorankommen, sicheres Vertrauen in sich selbst und gestalten Sie Ihr persönliches Business-Leben, ohne sich allzu sehr zu verbiegen. In diesem Sinne halten Sie sowohl ein fundiertes Reflexions- als auch ein praxisorientiertes Arbeitsbuch zum Selbstcoaching in Händen. Kein Buch kann ein persönliches Coaching ersetzen. Es kann Ihnen jedoch Anhaltspunkte zu Ihren Stärken, Vorgehensweisen und Lernchancen geben. Überwinden Sie Ihre Komfortzone und vertrauen Sie sich zuversichtlich Ihrer eigenen Entwicklung im Life-Work-Spielfeld an!
Mit dem Wunsch, dass Sie inspiriert und beflügelt im Business gut vorankommen bin ich

Ihre Claudia Nuber

www.claudia-nuber.de
www.cnconsult.de

Vorspann

Es gibt nur eine Zeit, in der es wesentlich ist, aufzuwachen.
Diese Zeit ist jetzt.
Buddha

Überholte Mythen und Vorurteile

Ausnahmen bestätigen nicht immer die Regel; sie können auch die Vorboten einer neuen Regel sein.
Marie von Ebner-Eschenbach

Im Mai 2009 berichtete die *Financial Times Deutschland* von einem anonymen Millionenspender, der bisher über 80 Millionen US-Dollar an über 14 Universitäten verteilt hat, die allesamt von Frauen geleitet werden. Schon 2002 erklärte der Zukunftsforscher Matthias Horx in seiner Studie »Megatrend Frauen« die Zukunft als weiblich. Er untermauerte dies mit ausführlichen Statistiken die belegen, dass 56 Prozent aller Studenten Frauen sind und doppelt so viele Frauen wie Männer die Scheidung einreichen, dass Frauen besser ausgebildet sind, über höhere Stressresistenz verfügen und gesünder leben. Im Umkehrschluss ist zu vermuten, dass künftig die Männer benachteiligt sein könnten und Unterstützung brauchen. Auf diesbezügliche Studien darf man gespannt sein.

Benachteiligte Frauen

Frauen werden benachteiligt – eigentlich Quatsch, doch manchmal leider noch Realität. Weibliche Bescheidenheit und Genügsamkeit haben ihren Ursprung in einer Erziehung, die Mädchen diese beiden Eigenschaften immer noch als Tugenden verkauft. Wenn Frauen lernen, ihre Wünsche und Ziele strategisch durchdacht und klar zu kommunizieren, werden sie schneller als ebenbürtige Partnerinnen wahrgenommen. Allerdings müssen sich Frauen mit den Geistern, die sie riefen, dann auch wirklich auseinandersetzen. »Wasch mir den Pelz, aber mach mich nicht nass!«, das gibt es nicht – deshalb: Verlassen Sie die muffige Bequemlichkeitsfalle! Viele von uns haben sich ihr Leben so eingerichtet, dass es irgendwie funktioniert. Wir haben »noch« eine Arbeit, die uns mehr oder weniger gefällt, am Monatsende ist Geld auf dem Konto, unsere Beziehung dümpelt so vor sich hin, aber im Großen und Ganzen ... Kommt Ihnen das bekannt vor? Wenn ja, willkommen in der Bequemlichkeitsfalle! Dort passiert wenig, der Muff ist vertraut, man fühlt sich irgendwie sicher. Das vage Unzufriedenheitsgefühl wird mit mehr oder weniger sinnlosen Aktivitäten überdeckt, zum Beispiel mit Frustshopping oder nächtlichem Kühlschrankausräumen, was uns Ebbe in der Kasse und ein Zuviel an Gewicht beschert.

Die undurchlässige gläserne Decke

Als »glass ceiling«, gläserne Decke, bezeichnete das Massachusetts Institute of Technology (MIT) unterschiedliche Formen versteckter Diskriminierung, die ein Aufsteigen verhindern. In mittleren Management-Etagen sind Frauen zwischenzeitlich gut vertreten – nur in Top-Positionen sind sie kaum zu finden. Wenn sich Frauen endlich zutrauen, in dünner Luft erfolgreich zu sein und die dort herrschenden Spielregeln besser zu nutzen, trifft ein, was vor über 2000 Jahren der römische Staatsmann Cato sagte: »Sobald die Frauen uns gleichgestellt sind, sind sie uns überlegen.« Frauen, die laut und deutlich »Hier!« rufen, können es in die höchsten Ränge schaffen. Wollen Sie sich darauf einlassen, seien Sie sich bewusst, dass alles seinen Preis hat. Sie brauchen Mut zum Alleinsein, wenn Sie an der Spitze sind. Je höher Sie steigen, desto dünner wird die Luft und desto rauer das Klima. Sie brauchen gute Kondition, mentale Kraft, Disziplin, innere Sicherheit und einen starken Willen, um erfolgreich an die Spitze zu kommen und dort zu bleiben.

Familie und Karriere gleichzeitig?

Der Mythos »Kinder knicken Karriere« ist eng verknüpft mit dem deutschen Mütterbild. Eine arbeitende Mutter ist eine Rabenmutter, wird getönt. Mit Ihrem Kind so viel Zeit wie möglich zu verbringen ist selbstverständlich wichtig. Beachten Sie, dass Sie die

Zeit qualitativ ausfüllen, indem Sie miteinander spielen, Ausflüge machen und was sonst noch Spaß macht, anstatt Ihr Kind irgendwo abzustellen. Kinder sind dankbar für Mütter, die ausgeglichen und glücklich sind. Beruf, Kinder und Partnerschaft lassen sich vereinen – partnerschaftlich mit dem Mann/Vater oder durch fortschrittliche Arbeitgeber. Längst hat sich die Erkenntnis durchgesetzt, dass Familienfreundlichkeit ein Wettbewerbsvorteil ist, auf den viele Unternehmen mit flexiblen Arbeitszeiten zur Work-Life-Balance für die ganze Familie und professioneller Kinderbetreuung innerhalb des Firmen-Campus reagieren. Außerdem gibt es Tagesmütter oder Krippen, die frau ohne schlechtes Gewissen nutzen sollte, um Karriere zu machen. Ein erfolgreiches Beispiel dafür sind unsere skandinavischen Brüder und Schwestern.

z.B.

Eine international erfolgreiche Managerin leitete ein finnisches Projekt mit höchster Priorität. Als sie um 16:30 Uhr eine Teamsitzung einberief (für deutsche Verhältnisse früh), wurde sie vom finnischen Landeschef mit den Worten gerügt: »Ich weiß wohl, dass es in Deutschland anders ist, aber du kannst dir nicht vorstellen, was eine finnische Ehefrau mit ihrem Mann macht, wenn er nicht um 15:30 Uhr seine Kinder abholt und mit ihnen auf den Spielplatz geht. Ab 19 oder 20 Uhr – wenn die Kinder schlafen – sind alle wieder online erreichbar.«

Das Bewusstsein, dass die Allgemeinheit ebenfalls die Verantwortung für Kinder trägt, ist in Skandinavien bereits verwirklicht. In Deutschland heißt es noch »Kind oder Karriere«, wie man an vielen Akademikerinnen sieht, die auf Kinder verzichten, um Karriere zu machen.

Erziehungsstudien des Max-Planck-Instituts für Psychologie zeigten, dass Mütter systematisch die Intelligenz ihrer kleinen Töchter unterschätzen, die ihrer Söhne jedoch überschätzen, das Schreien des männlichen Säuglings eher als Wut, das des weiblichen als Angst interpretieren. Mädchen wird frühzeitig suggeriert, sie seien ängstlicher und weniger intelligent. Solange die Erziehung noch in der Hand von Müttern liegt, die in diesen alten Mustern denken, wird sich wenig ändern.

In einer renommierten Zeitung war 2009 folgender Satz zu lesen: »Hochkarätige Mütter stoßen in der Wirtschaft auf eine typische Reaktion von verbaler Offenheit bei gleichzeitiger Haltungsstarre.« Dies lässt sich nur ändern, wenn hochkarätige Frauen in die Top-Etagen des Entscheidens vorstoßen und sich dabei mit Männern vernetzen, die sie als gleichwertige Partnerin betrachten und denen bewusst ist, dass der Fortbestand der Menschheit immer noch über das Kinderkriegen gesichert ist.

z.B.

Das beispielhafte Verhalten eines Vaters: Er verließ die Sitzung des Leitungskreises eines Großunternehmens mit der Bemerkung: »Ich muss jetzt meine Tochter abholen, weil meine Frau keine Zeit hat.« Die Männer waren sprachlos. Bei den teilnehmenden Assistentinnen stand dieser Vater anschließend hoch im Kurs, weil er sich um sein Kind kümmert. Die Herren nahmen weder jemals auf sein Verhalten Bezug noch hatte es für ihn schädliche Karrierekonsequenzen.

Viele Unternehmen haben auf elternfreundliche Home-Office-Arbeit umgestellt, um teure Büroflächen zu sparen. In großen Unternehmen arbeiten zunehmend mehr Väter auf einer 20-Stunden-Basis und nehmen die Elternzeit in Anspruch. Ein männlicher Berufs-Wiederkehrer sagte zu mir: »Jetzt merke ich erst, wie sehr mein Kind mich braucht und dass ich nicht nur ›Wochenend-und-Sonnenschein-Vater‹ sein kann.« Es bewegt sich etwas in die richtige Richtung. Männer nehmen verstärkt wahr, wie sehr sie als Vater gebraucht werden. Wer sieben Tage unterwegs ist, kann das nicht merken und verpasst die Entwicklung der Kinder und dadurch seine eigene. Übrigens: Manager/Managerinnen mit stabiler Familie – also einem zweiten Identifikationspunkt neben der Arbeit – sind die deutlich besseren Manager/Managerinnen.

Die Partnerschaft leidet darunter!

Immer wieder erzählen Klientinnen, dass sie eine Führungsposition angeboten bekommen haben und sie dankend ablehnen werden. Auf meine Frage, weshalb, antworten sie mir neben »Ich weiß nicht, ob ich den Anforderungen gewachsen bin« mit Aussagen wie: »Ach wissen Sie, mein Freund würde dann weniger verdienen als ich und das würde unsere Partnerschaft belasten.« Oder: »Mein Partner hat keine Führungsrolle inne. Wenn ich Managerin wäre, hätte ich mehr Power als er und unser Gleichgewicht wäre gestört.« So geht das gar nicht! Beziehungen, in denen sich einer dem anderen zuliebe verbiegt, werden erst schräg durch Unausgewogenheit und lösen sich dann auf. Übrig bleibt eine verbitterte Frau, die glaubt, etwas geopfert oder aufgegeben zu haben. Ich rate Ihnen dringend ab, sich klein zu halten – es sei denn, Sie tun dies bewusst, durchdacht und strategisch. Sonst stehen Sie bitte zu Ihren Bedürfnissen, zu dem, was Ihnen beruflich und persönlich wichtig ist! Hören Sie auf, sich unter Wert zu verkaufen, haben Sie den Mut, sich selbst zu lieben – das macht Sie anziehend und begehrenswert.

»Männer und Frauen sind gleich«

Männer und Frauen sind *nicht* gleich. Männer und Frauen sind einander ebenbürtig, muss es korrekt heißen. Männer und Frauen sind (zum Glück!) unterschiedliche Wesen mit unterschiedlichen Bedürfnissen und Verhaltensweisen, die sich wunderbar ergänzen können. Deshalb liebe Männer: Bewegt euch, entwickelt euch und seid/werdet die Männer, Partner und Väter, um ein erfülltes Leben inklusive Kinder und Karriere zu führen. Es heißt doch »Eman(n)zipation«!

z.B. Als ich in den 70er-Jahren Speditionskauffrau lernte, um später in das Familienunternehmen einzutreten, war ich eine der seltenen Frauen in dieser Männerdomäne. Wir mussten um einiges besser sein als unsere männlichen Kollegen, um ernst genommen zu werden. Nach gut bestandener Prüfung bewarb ich mich bei Lufthansa im Frachtbereich, war im Assessment-Center erfolgreich und bekam eine Stelle in Frankfurt-Kelsterbach angeboten, damals kein gutes Pflaster für junge Frauen. Auf meine Bitte, in München meinen Dienst antreten zu dürfen, erklärte man mir, dass dort keine weiblichen Angestellten im Frachtbereich eingesetzt werden. Als ich meine Enttäuschung überwunden hatte, dachte ich, wenn es in der Luft nicht klappt, dann vielleicht zur See, und bewarb mich bei der Reederei Hapag-Lloyd als Frachtoffizier. Auch hier eine freundliche, aber klare Absage: Mädchen nehmen wir leider nicht! Das wäre heute vollkommen unmöglich und Grund für eine Diskriminierungsklage. Sie sehen, in 30 Jahren haben Frauen eine Menge erreicht.

Frauen haben weniger Durchsetzungskraft

Na ja, vielleicht stehen wir uns manchmal selbst im Weg und scheinen weniger durchsetzungsstark als Männer. Auf der einen Seite durch weniger Traute und das Bedürfnis, es allen recht machen zu wollen. Auf der anderen Seite durch gegenseitige Rivalität und Zickenkriege. Höchste Zeit, damit aufzuhören und die in Männerkreisen übliche Solidarität sofort auf die »Weiberwirtschaft« zu übertragen!

z.B. Frauen sind in ihrer Kriegsführung um ein Vielfaches subtiler und grausamer als Männer. Eine Managerin formulierte es aus eigener Erfahrung sehr kriegerisch: »Männer hauen spontan und gleich zu, wenn ihnen etwas nicht passt. Frauen führen unter dem Tisch ein

Rabattmarkenheft und warten, bis es voll ist. Dann zählen sie auf und irgendwann hast du ein Messer zwischen den Rippen – ohne jegliche Vorwarnung.« Kommt Ihnen das bekannt vor? Ich appelliere an jede Frau, offen und auf dem Tisch zu spielen. Das heißt deutlich und fair in der Sache, verbindlich und kollegial im Stil. Alles andere ist feige und unwürdig.

Frauen verdienen weniger

Der statistische »Fakt«, dass Frauen immer noch 25 Prozent weniger Gehalt bekommen als vergleichbare männliche Kollegen, muss differenziert betrachtet werden. Laut Studie des Nürnberger Instituts für Arbeitsmarkt- und Berufsforschung (IAB) von 2009 arbeiten viele Frauen in Niedriglohn-Bereichen, jede zweite hat einen Teilzeitjob und nur jede 25. arbeitende Frau ist in einer hoch dotierten Management-Position zu finden. 89 Prozent der Frauen arbeiten in Unternehmen mit weniger als 500 Beschäftigten, wo weniger verdient wird als in Großunternehmen. Frauen akzeptieren zu Beginn ihrer Berufstätigkeit geringere Gehälter und steigen nach der Babypause für weniger Geld wieder in den Beruf ein. Die Verantwortung hierfür liegt eindeutig mehr bei den Frauen als den Männern.

Als ich im März 2009 beim Equal Pay Day mit Sabine Asgodom in Hamburg Frauen zum Thema »Erfolgreiche Gehaltsverhandlungen« coachte, erlebten wir eine kollektive Selbstwertkrise! Liebe Frauen, wenn ihr nicht an euren Wert glaubt, wer soll es denn dann tun? Unternehmen sind zur Gewinnerzielung verdammt und bezahlen niemals mehr, als sie unbedingt müssen. Also: Stehen Sie endlich für sich und Ihre Leistung ein – es tut sonst keiner für Sie! Sagen Sie, was Sie haben wollen und welchen Nutzen das Unternehmen auch künftig von Ihrer Mitarbeit hat. Nur durchdachte Argumente und klare Strategie bescheren Ihnen, was Sie wollen!

Chancengleichheit

»Frauen haben schlechtere Chancen.« Das ist noch so ein Blödsinn, mit dem man endlich aufräumen muss. Frauen haben auf dem Arbeitsmarkt die gleichen Chancen wie Männer, sie nutzen sie nur weniger gut. Anstatt sich wie Männer die Dinge einfach mal zuzutrauen nach dem Motto »Ich schaff das schon«, beginnen Frauen bereits in der Vorphase, an sich selbst, ihren Fähigkeiten und Kompetenzen zu zweifeln, und trauen sich den nächsten Schritt nicht zu. Dieses Verhalten ist wenig karrierefördernd. Obwohl bei Procter & Gamble bereits jede zweite Chefanwärterin eine Frau ist, sind immer noch nur knapp 3 Prozent aller Manager in Spitzenpositionen weiblich, auch wenn 84 Prozent aller Beschäftigten den weiblichen Führungsstil für zeitgemäßer halten. Früher assoziierte man mit einer Führungskraft Autorität, Härte, Durchsetzungsvermögen, Hierarchie- und Machtstreben. So hat sich im Unterbewusstsein der Menschen verankert, dass Männer automatisch Chefs seien. Heute weiß man, dass es sich um einen Trugschluss handelt – muss es jedoch immer betonen.

Achtung – Vorurteile!

Obwohl sich Männer und Frauen beruflich oft auf gleicher Augenhöhe befinden, kursieren immer noch Vorurteile wie:

- *Frauen sind weniger belastbar.* Welch antiquierte Denke, bringen Frauen doch Karriere, Frausein und Familienleben unter einen Hut! Glauben Sie mir, viele Männer wären damit trotz ihrer großen beruflichen Kompetenz schlichtweg überfordert. Allerdings würde auch kein Mann von sich erwarten, Familie und Beruf zu 100 Prozent gerecht zu werden.
- *Frauen sind unlogisch und emotional.* Wenn man betrachtet, wohin uns männliche Coolness und Logik gebracht hat, kann ein Schuss weiblicher »Unlogik« nicht schaden. Frauen haben eindeutig besseren Zugang zu ihren Emotionen. Männer müssen ihn sich erst wieder mühsam erwerben. Dafür haben sie ein sogenanntes Pokerface, wohingegen man Frauen eher ansieht, wie es in ihnen aussieht. Alles hat Vor- und Nachteile – sprich Stärken und Schwächen, mit denen man prima spielen kann.
- *Männer können keinen Haushalt führen.* Reine Bequemlichkeit oder Beibehaltung eines Status quo durch Frauen, die »ihre Domäne« für sich behalten wollen? Männliche Berührungsängste mit dem Staubsauger sind schnell überwunden und

junge Klientinnen erzählen oft, dass ihre Männer selbstverständlich gleichberechtigt zu Hause mitarbeiten.

- *Frauen haben weniger Hirnmasse.* Stimmt. Das Gehirn einer Frau ist, trotz Berücksichtigung ihrer geringeren Körpergröße, um einige Prozent kleiner als ein männliches. Eine Klientin meinte frech: »Männer brauchen halt mehr Hardware für das Funktionieren ihrer Software.« Neueste Forschungen ergeben, dass männliche und weibliche Verstandeskraft ebenbürtig ist, aber dass die Geschlechter auf unterschiedlichen Wegen zu Resultaten und Ergebnissen gelangen. Dieser Witz mag es verdeutlichen:

z.B.

Ein Unternehmen schickt seine Spitzenleute auf ein Seminar, um zu lernen, einfacher Lösungen zu erarbeiten. Eine Gruppe von Managern erhält die Aufgabe, die Höhe einer Fahnenstange zu messen. Sie beschaffen sich Leiter und Bandmaß. Die Leiter ist zu kurz, sie holen einen Tisch, auf den sie die Leiter stellen. Es reicht immer noch nicht. Sie stellen einen Stuhl auf die Leiter, doch immer wieder fällt der Aufbau um. Alle reden durcheinander, jeder hat andere Vorschläge zur Lösung des Problems. Eine Frau kommt vorbei. Sie sieht dem Treiben eine Weile zu, zieht wortlos die Fahnenstange aus dem Boden, legt sie auf die Erde, nimmt das Bandmaß, misst die Stange vom einem Ende zum anderen, schreibt das Ergebnis auf einen Zettel, drückt ihn zusammen mit dem Bandmaß einem der Männer wortlos in die Hand und geht weiter. Kaum ist sie um die Ecke, meint einer der Top-Manager: »Das war wieder einmal typisch Frau! Wir müssen die Höhe der Stange wissen und sie misst die Länge! Deshalb können wir Frauen auch nicht in unseren Vorstand lassen.«

Spiele spielen: So geht's!

Einsam sind wir unsichtbar – gemeinsam sind wir unschlagbar!

Für die meisten Spiele braucht man mindestens zwei Spieler. Jedes Spiel hat gewisse Regeln, nach denen gewonnen oder verloren wird. Diese Regeln können bei ähnlichen Spielen wie Badminton und Federball sehr unterschiedlich sein. Beim Badminton geht es um Punkte – man spielt gegeneinander. Beim Federballspielen ist es wichtig, den Ball möglichst in der Luft zu halten, also hin und her zu spielen. Man spielt eher miteinander. Spielen und Gewinnen hat viel mit Strategie, Disziplin, Spielereinschätzung und Voraussicht in der jeweiligen Situation zu tun.

Ein kühler Kopf hilft, den Überblick zu bewahren

Gehören Sie auch zu denjenigen, die manchmal alles auf eine Karte setzen und in das volle Risiko gehen? Können Sie verschiedene Taktiken im Kopf durchspielen und gleichzeitig aufmerksam das Geschehen beobachten, um im richtigen Moment das Spiel für sich zu entscheiden? Gelingen Ihnen manchmal spielerisch die tollsten Sachen? Denken Sie ab und zu »Das Leben ist ein Spiel und ich will gewinnen«?

Dann wissen Sie ja Bescheid: Dass Sie sich rückhaltlos für eine Idee begeistern können, als Spielerin in verschiedensten Arealen unterwegs sind, dass Sie die geschriebenen und ungeschriebenen Regeln des Spiels kennen, einhalten und – so möglich – aushebeln können. Sie wissen aber auch, dass es beim Spielen neben dem Gewinnen auch das Verlieren gibt. Um erfolgreich spielen zu können, ist es wichtig, dass Sie fünf Aspekte wohl durchdacht haben und sich darüber im Klaren sind:

1. *Welches Spielfeld für Sie das passende ist:* Wenn Sie gern Beachball spielen und eine gute Mannschaftsspielerin sind, werden Sie eher im Sand oder am Strand zu finden sein. Dort brauchen Sie andere Fähigkeiten und Fertigkeiten als die

passionierte Schachspielerin, die im Zweierteam den Partner am Brett besiegt.

2. *Welche Spielidee Sie begeistert:* Was ist Ihnen wichtig, welche Ziele haben Sie, welches Umfeld wünschen Sie sich, um sie zu verwirklichen, was macht Sie glücklich und entfacht Ihre Leidenschaft?
3. *Welche Spielregeln Sie erwarten:* Wo müssen Sie sich anpassen, wo können Sie sich einmischen, wo können Sie sich über Regeln hinwegsetzen? Jede Variante hat Vor- und Nachteile. Wer sich anpasst und im Arbeitsleben nur funktioniert, wird leicht entbehrlich. Wer sich einmischt, geht Risiken ein und nimmt Einfluss auf das Geschehen. Das Hinwegsetzen über Regeln birgt Chancen und Gefahren. Regelbrüche können in herausragenden Leistungen münden oder als Megaflop enden.
4. *Welche Spielerin Sie sind:* Die Hauptspielerin sind zuerst einmal Sie selbst und die gilt es zu stärken: indem Sie zielorientiert und fokussiert lernen, Erfahrungen sammeln, diese reflektieren, Ihr Verhalten der Situation optimal anpassen und so sukzessive zu einer Top-Spielerin werden. Dabei können Ihnen Schlüsselpersonen, Mentoren oder ein externer Coach helfen.
5. *Wie Sie mit anderen (Gegen-)Spielern interagieren:* Dazu brauchen Sie ein ausgeprägtes Wahrnehmungsvermögen, eine klare Einschätzung Ihrer Mitspieler und von sich selbst sowie klare Voraussicht für offensive oder defensive Spielzüge aller am Spiel Beteiligten.

VORAUSSETZUNGEN FÜR IHREN ERFOLG

Was Sie über sich selbst wissen sollten

Der Mensch ist immer mehr, als er von sich weiß.
Er ist nicht, was er ein für alle Mal ist, sondern er ist ein Weg.
Karl Jaspers

1 Unbekanntes Terrain Business-Dschungel

Ein Beruf ist das Rückgrat des Lebens.
Friedrich Nietzsche

Jedes Unternehmen hat eigene Gesetze und Spielregeln. Zwar ähnlich in den Grundzügen – können sie in der Gewichtung und Ausprägung doch sehr unterschiedlich sein. Business-Spielregeln schaffen eine gemeinsame Basis für die Optimierung der Arbeit und der Abteilungen. Abläufe müssen gesteuert und der Umgang miteinander geregelt sein, um eine tragfähige gemeinsame Basis herzustellen.

Gelungenes Zusammenspiel aller Kräfte = gelungenes Business

Dabei zählt jeder Mitarbeiter und jede Mitarbeiterin, unabhängig von Position oder Funktion. Das gelungene Zusammenspiel aller Kräfte ergibt in Summe ein gutes Business und ein gesundes Miteinander. In Realität wird viel Energie darauf verwendet, sich gegenseitig auszutricksen, um die eigene Position zu stärken. Konkurrenzdenken, Machtkampf und Intrigen entziehen dem Unternehmen, also allen Mitarbeitern, die Kraft, gemeinsam auf einem wettbewerbsorientierten Markt erfolgreich zu bestehen. Mehr Fairness untereinander, eine emotional-intelligente Informations- und Kommunikationspolitik nach innen und außen würden den Stress- und Belastungspegel senken und in der Unübersichtlichkeit für Orientierung sorgen. Ich rufe Sie auf, dazu Ihren ganz persönlichen Beitrag zu leisten!

Unterschiedliche Klimazonen

Das globale Klima entsteht durch ein komplexes Zusammenspiel unterschiedlichster Faktoren, Einwirkungen und Ursachen. Ähnlich verhält es sich mit der Wirtschaft. Die Unternehmensführung prägt die Atmosphäre im Betrieb maßgeblich. Die jeweilige Großwetterlage des Betriebsklimas wird von den Beschäftigten bestimmt. Das eigentliche Wetter kann von Bereich zu Bereich, von Abteilung zu Abteilung, von Team zu Team vollkommen unterschiedlich sein.

Welches Klima brauchen Sie?

Manche Menschen brauchen Action, manche mögen es eher ruhig. Die einen lieben politische Macht- und Ränkespiele, die anderen können gut darauf verzichten. Die einen arbeiten lieber bienenfleißig, die andern lassen sich gern vom Bühnenlicht bescheinen, manchen ist die dünne Luft ganz oben Lebenselixir. Viele brauchen den warmen Regen von Lob und Anerkennung, um zu gedeihen, andere sind sich selbst genug. Die Vielfalt ist groß.

Wissen Sie, in welchem Klima es Ihnen am besten geht? Manchmal können wir das rational gar nicht recht begründen, weil es eher ein Gefühl ist. Folgende Fragen helfen Ihnen, Ihre optimalen Klimabedingungen herauszufinden:

- ❑ Gehen Sie gern in die Firma und/oder in Ihr Büro? Mögen Sie die Atmosphäre dort? Passt Ihnen der Umgang miteinander und der Ton untereinander?
- ❑ Macht Ihnen Ihr Job Spaß? Sind Sie in Ihrer Arbeit und als Person anerkannt?
- ❑ Sind Ihre Vorgesetzten gleichermaßen fordernd und fördernd? Herrscht im Kollegenkreis weitgehend Fairness und gegenseitige Hilfsbereitschaft?
- ❑ Steht man Ihren kleinen Schwächen tolerant gegenüber, solange die berufliche Leistungsfähigkeit und Leistungsbereitschaft erhalten bleiben? Ist Mobbing in Ihrem beruflichen Umfeld ein Fremdwort?
- ❑ Ist Ihnen das Arbeits- und Betriebsklima weitgehend angenehm?

Falls Ihnen das Klima missfällt: In den seltensten Fällen sind Sie Opfer der Umstände! Frust, Unzufriedenheit oder gar Ohnmachtsgefühle zeigen Handlungsbedarf, zum Beispiel in Ihrer eigenen Entwicklung, damit Sie sich Ihre eigenen Fähigkeiten, Bedürfnisse, Möglichkeiten und Chancen bewusst machen; in der Strategie und dem Verhalten, wie Sie Ihren Business-Alltag planen und die identifizierten Ziele wirklich erreichen können; in Ihrer Persönlichkeit, indem Sie lernen, wie Sie klare Grenzen setzen, Respekt einfordern, Souveränität entwickeln und wie Sie Ihr berufliches und persönliches Leben unter einen Hut bringen. Fragen Sie sich:

- ❑ Wodurch würden Sie sich besser fühlen?
- ❑ Lassen sich die Dinge in Ihrem Sinne beeinflussen?
- ❑ Wie könnte das gehen und was müssen Sie dafür ändern?
- ❑ Und vor allem: Sind Sie bereit dazu?

Ein funktionierendes Miteinander im Business-Alltag ist weder Geheimnis noch unbekanntes Neuland. Tagtäglich werden die wichtigsten Regeln in Familie und Partnerschaft praktiziert, um solch komplexe Beziehungen zu managen und trotz auftretender Konflikte und Probleme funktionsfähig zu erhalten. Dazu gehören Höflichkeit und Respekt im Umgang miteinander, gegenseitiges Zu- und Vertrauen, ein Schuss Diplomatie und Humor sowie eine klare Positionierung, wer man ist, was man will und wie man behandelt werden möchte.

Andere können wir nicht ändern

Zwischenmenschliche Beziehungen sind das A und O für das Überleben im Bürodschungel und gestalten die jeweilige Gruppendynamik mit ihrer Hackordnung. Reine Fachkompetenz und harte Arbeit reichen für den beruflichen Erfolg nicht aus – ihnen fehlt der Sex-Appeal von Selbst-PR und Freude am Spiel mit der Macht. 50 Prozent des Erfolges beruhen auf gekonnter Selbstdarstellung. Sich flexibel Umständen und Situationen anzupassen, ohne sich untreu zu werden, ist eine Kunst.

Ihr tägliches Spiel

Es bedarf ständiger Übung und achtsamer Beobachtung, um diese Kunst zu erlernen: Wo passe ich mich an? Wo gehe ich meinen Weg? Zugegeben, diese Reflexion scheint in unserem langen Arbeitstag etwas mühsam und zeitraubend. Probieren Sie es trotzdem immer wieder – Sie werden sehen, mit etwas Übung haben Sie den Dreh ganz schnell raus. Denn andere können wir nicht ändern – egal wie enthusiastisch und hartnäckig wir es immer wieder versuchen.

z.B.

Eine Klientin erzählte, dass sie für zwei Chefs arbeiten müsse, und sobald der eine etwas Wichtiges habe, käme sofort der andere mit etwas Dringendem auf sie zu. Wir arbeiteten an ihrer Fähigkeit, für sich einzustehen, Grenzen zu setzen und diese deutlich zu kommunizieren. Am Ende unserer Arbeit waren beide Herren zu einem moderierten Dialog bereit, in dessen Verlauf sie sich über ihre Gleichwertigkeit und ihre gemeinsamen Interessen klar wurden. Sie stimmen sich nun gegenseitig ab und gehen respektvoller mit ihrer Mitarbeiterin um.

Selbstbewusst unterwegs

Frau im Haus sind wir nur bei uns selbst, in unseren Gedanken und Bewertungen über das, was gerade geschieht, und unseren daraus resultierenden Entscheidungen. So bestimmen wir die Qualität unseres täglichen Alltags: im Beruf, privat und persönlich. Was wir von uns glauben und wie wir das Gegenüber betrachten, diese Annahmen bestimmen unser Leben und wie wir es gestalten. Die Wurzeln hierzu liegen in unserer Kindheit. (Siehe »Kopftheater« auf Seite 33ff.)

Oft sind es sehr frühe Erfahrungen, Botschaften und Erlebnisse, die uns geprägt haben. Denken Sie einmal an das, was man direkt zu Ihnen gesagt hat und an das, was Sie über sich gehört haben, als man glaubte, Sie hören nicht zu. Was stand in Ihrem Zeugnis über

Sie und wie sind die Menschen in Ihrem Umfeld damit umgegangen, wenn Sie etwas falsch gemacht haben? Hatten Ihre Eltern oder Erziehungspersonen ein gut entwickeltes Selbstbewusstsein? Mangelndes Selbstbewusstsein hat so viele unterschiedliche Gründe, wie es viele unterschiedliche Funktionen und Rollen gibt, um ein gelungenes Theaterstück aufzuführen. Daran können Sie arbeiten und eigene Regeln aufstellen.

Kurz & bündig

Ein Business-Dschungel hat unterschiedliche Klimazonen. Sie entscheiden, in welcher Zone Sie sich aufhalten wollen, und können unter Umständen sogar die Wetterlage beeinflussen. Um gut voranzukommen, ist Folgendes nötig:

- ❑ Nehmen Sie sich selbst in die Pflicht und leisten Sie Ihren persönlichen Klimabeitrag. Jammern sollten Sie lassen.
- ❑ Bewahren Sie stets die Höflichkeit im Umgang miteinander und behandeln Sie andere so, wie Sie behandelt werden wollen.
- ❑ Andere können Sie nicht ändern – nur sich selbst, Ihre Perspektiven, Reaktionen und Verhaltensweisen. Wenn Sie das verinnerlichen, wird Ihr Business-Leben leichter.

2 Wie Sie denken, so handeln Sie – ein Besuch im Kopftheater

Du bist nicht nur eine Farbe im Regenbogen.
Du bist der Regenbogen!
Carlos Santana

In diesem Kapitel eruieren wir, welches Drehbuch wir für uns schreiben, welche Bühnen wir uns suchen, wer Regie führt beziehungsweise wen wir Regie führen lassen und wie wir die unterschiedlichen Rollen, die es zu verteilen gibt, besetzen. Durch diese Spurensuche wird uns bewusst, wo wir fremdbestimmt sind. Wir können entscheiden, welche Denkweisen wir behalten, welche überholt sind und welche wir loslassen wollen.

To do

Beantworten Sie sich – am besten schriftlich in Ihrem Arbeitsbuch – folgende Fragen und Denkaufgaben. Nehmen Sie sich Zeit dafür und schöpfen Sie aus Ihrer Gefühlswelt ebenso wie aus Ihrer Erinnerung:

- ❑ Wie wachen Sie morgens auf? Ist Ihr erster Gedanke »Wie gut, dass es mich gibt«? Oder haben Sie daran gedacht, was heute alles auf Sie einstürmen könnte, und sich dann mit einem Seufzer aus dem Bett gequält? Unsere Gedanken schreiben unser Drehbuch. Wir bestimmen Sekunde für Sekunde, ob es eine Tragödie, ein Drama oder eine Komödie wird. Stellen Sie sich einmal vor, wie Ihr Tag verläuft, wenn Sie mit dem Gedanken »Ich bin ein Glückspilz und goldrichtig, so wie ich bin« aufwachen und den Tag gestalten. Wie sähe Ihr persönliches Drehbuch dann aus?

- ❑ Auf welcher Bühne wollen Sie Ihr Lebenswerk aufführen? Spielen Sie gerade in der Familie oder im Business?
- ❑ Wer führt Regie in Ihrem Leben? Wer unterstützt Sie und sorgt für Ihr Wohlergehen? Sind Sie selbstständig oder angestellt? Wie viel Geld brauchen Sie für das Gelingen Ihres Theaterstücks? Welchen anderen Reichtum beziehungsweise welchen inneren und äußeren Wert gestehen Sie sich zu? Wie machen Sie die beste Werbung für Ihr Stück? Wen müssen Sie begeistern und auf Ihrer Seite haben? Denken Sie daran: Klappern gehört zum Handwerk.
- ❑ Wer spielt die Hauptrolle? Hoffentlich Sie selbst, denn schon in der Bibel steht: »Du sollst deinen Nächsten lieben wie dich selbst.« Das heißt, erst sich selbst zu lieben und dann den anderen – ohne dabei in Egotrips zu verfallen.
- ❑ Welche Rollen gibt es noch in Ihrem Leben – sowohl im Business als auch privat? Zum Beispiel Liebhaber und Unterstützer. Im Beruf sind damit Förderer, Mentoren und ähnlich wohlwollende Personen gemeint. Da sind auch noch Rivalen und Gegenspieler, Lehrer und Weise, Clowns und Narren etc. Wie haben Sie diese Rollen besetzt? Wer spielt hier wen und ist das die optimale Besetzung?

Eines ist sicher: Wenn Ihnen die Aufführung in Ihrem Kopftheater missfällt, haben Sie die Macht und das Recht, das Programm zu ändern, denn Sie selbst haben es erschaffen. Kennen Sie den Kanon »Wer hat meines Großvaters Filzpantoffeln gestohlen«? Sie können ihn als Arie tragisch oder fröhlich singen, kräftig rappen und süß schnulzen – so wie mit dem Theater im Kopf. Experimentieren Sie ein bisschen damit und spüren Sie, was Ihnen entspricht. Leben Sie Ihren Traum und seien Sie Ihres Glückes eigener Schmied. Es gibt nichts, was Sie hindert, nach den Sternen zu greifen – und worauf Sie Ihre Energie richten, ziehen Sie magnetisch an.

Ihre persönliche Theatergeschichte

Woher kommt unser Kopftheater und wodurch wird es beeinflusst? Die Grundzüge unseres Kopftheaters sind entstanden, als wir noch sehr jung waren. Kleine Kinder haben weder Erfahrung noch Vergleichsmöglichkeiten. Sie können nicht relativieren und glauben (fast) alles, was man ihnen sagt. Ihre Eltern haben Ihnen bestimmt beigebracht, wie man sich verhält, und Sie fühlen sich heute immer noch verpflichtet, stets das Richtige zu tun, um vor anderen gut dazustehen. Vielleicht haben Sie gelernt, dass zuerst die Arbeit und erst dann das Vergnügen kommt, und sind zum Workaholic geworden. Vielleicht haben Sie auch erlebt, dass Ihnen ein Lehrer gesagt hat: »Das kannst du nicht.« Sie haben darauf mit »Dir werde ich es zeigen« reagiert, sind darin richtig gut geworden. Vielleicht haben Sie resigniert, es gelassen und so dem Lehrer recht gegeben. Vielleicht glauben Sie ja auch noch, dass »Bescheidenheit eine Zier« ist und man es allen recht machen muss, um gemocht und akzeptiert zu werden. So haben Sie sich Ihre Wege gesucht, um erfolgreich zu sein.

So inszenieren Sie Ihr eigenes Kopftheater

Kinder haben keine Möglichkeit zu relativieren und müssen einfach glauben, dass die Erwachsenen wissen, was Sache ist, und recht haben. Die Vergangenheit kann niemand ändern – wohl aber die Inszenierung des eigenen Kopftheaters. Sie können sich von überholten Denkmustern lösen – in Liebe und Dankbarkeit, denn sie waren wichtig, ganz gleich ob Sie dadurch angetrieben oder gebremst wurden. Als Kämpferin haben Sie sich eben in der Schule angestrengt und sind eine Einser-Schülerin geworden, obwohl man Ihnen sagte, dass Sie es nicht draufhätten, und sich bewiesen, dass Sie es trotzdem schaffen. Das gibt Kraft und Selbstvertrauen. Oder Sie wollten es immer allen recht machen und sind eine nette Kollegin geworden, die gern anderen hilft. Damit sind Sie beliebt und haben einen beträchtlichen Sympathiebonus. Doch wenn Ihnen das heute nicht mehr hundertprozentig reicht – dann ändern Sie's! Am besten so: Gehen Sie den Dingen auf den Grund. Sortieren Sie aus, was notwendiges Gepäck und was unnötiger Ballast ist. Von Letzterem lösen Sie sich dann – auf wertschätzende Weise – und üben hilfreichere Verhaltensweisen für Ihren heutigen Erfolg ein.

Wenn wir von uns glauben, grundsätzlich anders oder besser sein zu müssen, werden wir uns ein Leben lang verbiegen und klein machen. Wir werden es nicht wagen, unsere Träume zu verwirklichen – uns den Job oder Partner zu holen, den wir wirklich wollen. Wir werden uns selbst mickrig und unsere Potenziale ungenutzt halten.

Antreiber und Bremser – Sado-Maso im Kopf

Negative Annahmen über uns haben eine positive Absicht, auch wenn wir dazu ein bisschen um die Ecke denken müssen. So kann zum Beispiel ein Mensch, der glaubt, nichts wert zu sein, durch diesen Antreiber ein Leben lang danach trachten, seinen Wert zu beweisen. Das zeigt sich in großen Leistungen, besonderen Fähigkeiten, einem schönen Zuhause, viel Status und Prestige. Dieser Mensch muss sich und allen anderen ständig beweisen, dass er etwas darstellt und wertvoll ist.

Bremser schränken uns ein – Antreiber peitschen uns vorwärts

Ein Bremser ist so etwas wie der Satz »Das kannst du nicht« oder »Das ist nichts für dich«. Glauben Sie, dass dies wirklich wahr ist, oder handelt es sich um ein Relikt aus alten Kindergartenzeiten? Geben Sie sich eine Minute Zeit, um sich immer wieder klarzumachen, dass Sie sowohl die Drehbuchschreiberin als auch die Regisseurin in Ihrem Kopftheater sind. Es steht in Ihrer Macht, einem Bremser oder Antreiber die Rolle zu geben, die ihm zusteht. Sie können ihn ein für alle Mal aus der Besetzungsliste streichen oder verwandeln in: »Ich versuche es« oder »Ich finde es heraus«. Falls es nicht auf Anhieb klappt, bleiben Sie dran – es lohnt sich bestimmt!

Antreiber und Bremser erkennen

Hier einige Vorschläge, wie Sie Antreiber beziehungsweise Bremser leichter identifizieren und sie dann zielgerichtet von der Besetzungsliste streichen:

- ❑ Antreiber und Bremser sind an Worten und Gedankenimpulsen wie »sollte« und »müsste« zu erkennen. Fragen Sie sich: Was wollen Sie und was tun Sie konkret?

- ❑ Wenn Sie perfektionistisch ausgerichtet sind: »Wenn du's tust, dann tu es ordentlich«, »Erst die Arbeit, dann das Vergnügen«, »Ich muss die Beste sein. Ich muss besser als andere sein«, »Es gibt immer eine perfekte Lösung«, »Man kann sich auf niemand verlassen. Ich bin für alles verantwortlich«, »Ich muss alles unter Kontrolle haben«, »Starke Menschen brauchen keine Hilfe«, »Bloß keine Fehler machen«. Vergessen Sie's – nobody is perfect und Fehler sind Lernchancen.
- ❑ Sind Sie eher die liebe Nette, kann es heißen: »Es ist wichtig, dass mich alle akzeptieren«, »Ich darf niemanden weh tun«, »Konflikte sind furchtbar«, »Es muss allen gut gehen«, »Ich muss für andere da sein. Nein sagen gilt nicht«, »Wenn es den anderen gut geht, dann geht es mir auch gut«. Lernen Sie, Grenzen zu setzen, Nein zu sagen und zuallererst die Verantwortung für Ihr Leben zu übernehmen.
- ❑ Oder sind Sie schnell-schnell und unter Druck unterwegs mit Gedanken wie: »Irgendwie geht's schon«, »Wer rastet der rostet«, »Geht's schneller?«, »Dann mache ich es lieber gleich selbst«. Mein Rat: Entschleunigen Sie, halten Sie inne und konzentrieren Sie sich auf das Wesentliche.

Hören und spüren Sie aufmerksam in sich hinein

Lernen Sie die unterschiedlichen Akteure in Ihrem Kopftheater kennen – diejenigen, die Sie bremsen, und diejenigen, die Ihnen sagen, wie Sie weiterhin so funktionieren, wie Mami, Papi und die Umwelt es von Ihnen erwarten. Bedenken Sie, dass Ihnen das »alte« Kopftheater früher gute Dienste erwiesen hat. Sie haben dadurch funktionierende Überlebensstrategien entwickelt. Denn ein Kind wird sich überlegen, wie es trotz aller Ge- und Verbote fröhlich am Leben teilnehmen kann. Jagen Sie Ihre alten Akteure nicht in Schimpf und Schande fort, sondern entlassen Sie sie mit Dankbarkeit aus Ihren Diensten. Legen Sie die Fernsteuerung der Vergangenheit zur Seite und lernen Sie, das Steuer selbst zu bedienen. Das erfordert Übung, das neue Theaterprogramm muss geprobt werden, bis es sitzt.

Kurz & bündig

Business-Spielregeln: Jeder Mensch bewertet die Dinge unterschiedlich, je nach sozialer Prägung, eigener Erfahrung und dem daraus resultierenden Nutzendenken. Durch diese Bewertungen entsteht eine individuelle Realität – Ihre und die der anderen. Mit Ihrem Selbstwert hat das alles nichts zu tun – nur mit Ihrer Sichtweise. Wenn Sie der Meinung sind, dass alles furchtbar unbefriedigend ist, wird es Ihnen genauso erscheinen. Sind Sie jedoch zufrieden, geht Ihnen alles viel leichter von der Hand. Deshalb:

- ❑ Ändern Sie Ihre Sichtweise und hinterfragen Sie die Aufführung in Ihrem Kopftheater. Innere und äußere Widerstände sind ein positives Signal!
- ❑ Hören und spüren Sie aufmerksam in sich hinein. Lernen Sie die Akteure Ihres Kopftheaters kennen. Vor allem: Gehen Sie liebevoll mit ihnen um, denn Bremser wie Antreiber haben bisher zu Ihrem Vorankommen beigetragen.
- ❑ Nehmen Sie sich Zeit für sich – Sie sind wichtig. Zollen Sie sich selbst den gleichen Respekt wie anderen.
- ❑ Ihrem beruflichen und privaten Umfeld geht es dann am besten, wenn es Ihnen selbst gut geht. Das ist so und hat nichts mit ungesundem Egoismus zu tun!
- ❑ Üben Sie das neue Programm kontinuierlich ein – so lange, bis es sitzt, wie im richtigen Theater eben. Sollten Sie in alte Verhaltensmuster zurückfallen, verurteilen Sie sich bitte nicht! Im Laufe der Zeit werden Sie diese alten Verhaltensmuster immer schneller erkennen und immer bewusster Ihr persönliches Kopftheater gestalten – spielerisch und selbstbestimmt!
- ❑ Sie sind Herrin über die Gedanken, die Sie leiten. Sie sind die Chefin in Ihrem Lebenstheater. Entwickeln und erlauben Sie sich ein gesundes Selbstverständnis und Selbstbewusstsein – wenn nötig, sogar in einem neuen Umfeld.

3 Ihr Business-Portfolio

Es gibt zweierlei Arten von Neugier: die eine aus Eigennutz,
die uns antreibt, zu erfahren, was uns nützen kann;
die andere aus Stolz, die dem Trieb entspringt,
zu wissen, was andere nicht wissen.
Francois de La Rochefoucauld

Wenn Sie sich in den Dschungel begeben, sollten Sie wissen, womit Sie ausgerüstet sind. Das ist unabhängig davon, ob Sie etabliert sind, nach der Babypause wieder einsteigen oder nach Verlassen der Bequemlichkeitsfalle durchstarten wollen. In jedem Fall müssen Sie haben, was Sie brauchen, um in Ihrem gewählten Umfeld gut zu überleben und erfolgreich voranzukommen. Diese Voraussetzungen nennt man Präferenz, Kompetenz und Potenzial, Stärken und Schwächen, persönliche Werte, Bedürfnisse und Erwartungen, Wünsche und Ziele. Dazu gehört auch Klarheit darüber, ob und wie wir anderen Grenzen setzen, Chancen und Risiken bewerten, Konflikte lösen und unseren Lebensentwurf in Beruf und Privatleben zu persönlicher Erfüllung gestalten. Dies alles ist unter der Bezeichnung »Business-Portfolio« zusammengefasst.

Präferenz: Machen Sie doch, was Sie wollen!

Vorlieben

Präferenz heißt Vorliebe. Viel zu oft bleibt der Aspekt »Präferenz« im Berufsleben unbeachtet. Im christlichen Umfeld folgen wir der Bibel, in der geschrieben steht, Gott Vater habe angewiesen: »Im Schweiße eures Angesichts sollt ihr euer Brot verdienen.« Nun stellen Sie sich einfach einmal vor, es wäre eine liebevolle Muttergöttin gewesen, die gesagt habe: »Kinder, spielt und seid vergnügt auf dieser wunderschönen Erde. Dafür habe ich sie gemacht.« Zum

Glück wurde uns neben einer Weisung auch der freie Wille gegeben. Es liegt also an uns, zu entscheiden, wie wir die Begebenheiten unseres Alltags bewerten und welche Haltung wir dazu einnehmen. Ob wir gemeinsam mit anderen nach Lösungen suchen oder in Problemen denken und handeln. Wir sind verantwortlich – für uns selbst und für das Gelingen unseres eigenen Lebens. Viele Klienten bekommen große Augen, wenn ich frage, was sie denn beruflich am liebsten gemacht hätten, wenn sie frei wählen hätten können. Kaum jemand hätte den Beruf ergriffen, den er ausüt. Welch eine Verschwendung von Lebensqualität, Potenzial und Befriedigung!

To do

Nur was wir gern tun, tun wir auf Dauer auch gut. Deshalb lesen Sie diese Fragen, denken Sie darüber nach und schreiben Sie alle Ihre Ideen und Antworten in Ihr Arbeitsheft, wenn Sie Ihrer Präferenz auf die Spur kommen wollen:

- ❑ Was ist für Sie im Leben wichtig?
- ❑ Was lässt Sie Zeit und Raum vergessen?
- ❑ Was bringt Sie zum Lachen? Was macht Sie am glücklichsten?
- ❑ Worauf möchten Sie auf keinen Fall verzichten?
- ❑ Was tun Sie leidenschaftlich gern?

Achten Sie darauf, dass Ihre wichtigsten Präferenzen im Beruf erfüllt sind.

Immer mehr Studien belegen, dass Mitarbeiter, deren Aufgaben sich an ihren individuellen Talenten orientieren, deutlich produktiver, kundenorientierter, zufriedener und loyaler sind als diejenigen, die einen Großteil ihrer Arbeitszeit mit Tätigkeiten verbringen, die sie als mühselig und frustrierend empfinden. Anteile Ihrer Präferenz werden sich deshalb oft in Ihrem Kompetenzprofil wiederfinden.

Kompetenz: Alles, was Sie lernen können

Auch im hohen Alter bleibt die Plastizität des Gehirns erhalten und der Mensch lernfähig. Als »Kompetenz« bezeichnet man Ihre Fähigkeiten und wie Sie diese konkret einsetzen:

- Bei Fachkompetenz ist Fachwissen gefragt, das Sie über die Jahre Ihrer Berufstätigkeit erworben haben, und wie Sie Probleme lösen und bewerten.
- Methodenkompetenz ist die Fähigkeit, Vorhaben zu strukturieren, zu wissen, welche Tools man wann einsetzt und welcher Methoden man sich bedient.
- Sozialkompetenz nennt man die Soft Skills, ohne die heute niemand mehr erfolgreich sein kann. Dazu gehören ein gesundes Selbstwertgefühl, kritikfähiges Selbstvertrauen, die Fähigkeit zur Reflexion, die Übernahme von Eigenverantwortung und das Wissen um die eigene Wirksamkeit nach innen und außen. Im Umgang mit anderen bezieht sich Sozialkompetenz auf die Achtung, Anerkennung und Empathie, die wir ihnen entgegenbringen, inwieweit wir kritikfähig, tolerant und respektvoll sind, ob wir die Perspektive des anderen einnehmen können, wie wir Konflikte lösen und Stress begegnen.
- Emotionale Intelligenz hinterfragt, ob wir teamfähig, kooperationsbereit, konflikt- und kommunikationsfähig sind. Haben wir gute Führungsqualitäten wie Verantwortungsbewusstsein, Fleiß, Großmut und Härte, Konsequenz und Flexibilität? Wie steht es um unsere Vorbildfunktion?
- Als personale Kompetenz bezeichnet man die Fähigkeit, sich selbst einzuschätzen, zu entfalten und Veränderungen herbeizuführen.

Soft Skills sind der Schmierstoff in der Zusammenarbeit

To do

Folgende Fragen sollten Sie sich zu Ihrer Kompetenz stellen. Ich empfehle Ihnen, ausführlich zu antworten. Neben dem beruflichen Know-how berücksichtigen Sie auch Ihre persönlichen Kompetenzen.

- ❑ Was haben Sie bisher alles gelernt?
- ❑ Was können Sie gut?
- ❑ Was haben Sie schon verlernt?
- ❑ Worin sind Sie Expertin und werden gern um Rat gefragt?
- ❑ Was möchten Sie noch lernen?
- ❑ Welche Soft Skills möchten Sie entwickeln und verfeinern?
- ❑ Weshalb ist das für Sie wichtig?
- ❑ Was erwarten Sie sich davon?
- ❑ Welche Persönlichkeitsmerkmale möchten Sie entwickeln und verfeinern?
- ❑ Welchen konkreten Nutzen können Sie daraus ableiten?

Potenzial – ungehobene Schätze

Potenzial – das Samenkorn

Als Potenzial bezeichnet man etwas, das wir bereits haben, aber noch nicht kennen. So wie das Samenkorn schon alles in sich trägt, um eine ganze Pflanze mit schönen Blüten zu werden, ohne dass man es dem Samenkorn von außen ansehen kann, so haben Sie alles in sich, um vollkommen Sie selbst zu sein.

Woran erkennen Sie Ihr Potenzial? Die folgende Befragung kann Ihnen helfen, über Ihre Charaktereigenschaften Ihrem Potenzial näher zu kommen. Freunde und Bekannte kennen Sie oft ziemlich gut. Doch weil sie mit Ihnen befreundet sind und Sie mögen, werden sie Ihnen selten direkt sagen, was sie wirklich von Ihnen halten. Sie werden es so wohlwollend verpacken, dass Sie in keiner Weise verletzt werden und es ihnen krummnehmen könnten. Dadurch besteht die Gefahr, dass diese angedeutete Form der Nachricht unbemerkt an Ihnen vorübergeht. Befragen Sie Ihre Freunde:

- ❑ Wie seht ihr mich?
- ❑ Was kann ich in euren Augen besonders gut?
- ❑ Worin, glaubt ihr, könnte ich richtig gut sein?

Sie können auch eine Liste erstellen, auf der Sie alle Eigenschaften notieren, die Sie an sich selbst bereits feststellen und die Sie sich wünschen, zu haben. Lassen Sie Platz für Eigenschaften, an die Sie noch nicht gedacht haben. Diese Liste besteht überwiegend aus Eigenschaftswörtern (Adjektiven), die untereinander auf ein Blatt Papier geschrieben werden. Sie sollten mindestens 40 Eigenschaften auflisten. Vergeben Sie eine Skala, auf der Folgendes angekreuzt werden kann:
+2 = trifft voll auf mich zu, +1 = trifft weniger auf mich zu, -1 = trifft manchmal auf mich zu, -2 = trifft überhaupt nicht auf mich zu. Auf die berühmte Null, also das bequeme »Ich kann mich nicht entscheiden«, verzichten Sie bitte. Verteilen Sie die Kopien Ihrer Liste an Freunde und Bekannte mit der Bitte, Sie zu bewerten, das Entsprechende auf der Liste einzutragen und Ihnen die Liste anschließend zurückzugeben. Das Original und eine weitere Kopie behalten Sie für sich. Auf dem Original bewerten Sie sich selbst und tragen Ihre Ergebnisse mit Kugelschreiber (!) ein anstatt mit Bleistift, denn Sie mogeln ja nicht. Haben Sie alle verteilten Kopien ausgefüllt zurückbekommen, nehmen Sie eine leere Kopie zur Hand. Übertragen Sie die Summen aller angekreuzten Felder der Listen auf diese Kopie. So bekommen Sie eine Zusammenfassung aller Bewertungen und erkennen die Gewichtung Ihrer Eigenschaften. Nun vergleichen Sie Ihre persönliche Liste mit der Gesamtbewertung. Wo sind die meisten Übereinstimmungen? Wo die wenigsten? Je ähnlicher Ihre Liste der Listen-Zusammenfassung ist, desto mehr werden sich Selbst- und Fremdwahrnehmung gleichen. Wenn Sie größere Unterschiede feststellen, holen Sie sich Unterstützung von guten Coachs oder durch ein Potenzialanalyse-Tool, dessen Ergebnisse Ihnen professionell erklärt werden sollten.

Potenz, also Macht, besitzt, wer sein eigenes Potenzial lebt und gleichzeitig das der anderen erkennt, fördert und nutzt

Viel erfolgreicher, als unzufrieden im Mittelfeld herumzuspielen, ist es, wenn Sie sich Menschen, die Ihnen überlegen sind und denen Sie Bewunderung entgegenbringen, zum Vorbild nehmen und von ihnen lernen. Potenz kommt von dem Wort potent – und vielleicht haben Sie erlebt, wie sich Männer fühlen, wenn sie einmal impotent sind und welche Auswirkungen dies für die Paarbeziehung hat. Deshalb sollten sich Frauen endlich ihrer weiblichen Potenz bewusst werden und diese sinnvoll einsetzen, um sich den Job »maßzuschneidern« und die Business-Landschaft nach eigenen Regeln zu gestalten, damit sie Karriere, Familie und eigene Bedürfnisse leichter unter einen Hut bringen.

Business-Spielregel: Wenn wir unser eigenes kraftvolles Potenzial leben, haben wir es nicht mehr nötig, anderen ihre (vermeintliche) Macht streitig zu machen, sondern können auf gleicher Ebene als sich ergänzende Partner nebeneinander voran- und miteinander auskommen. Diese Co-Equal Partnership (Partnerschaft unter Gleichen) wäre ein gewaltiger Fortschritt, im Beruf ebenso wie im Privaten.

Stärken und Schwächen – zwei Seiten einer Medaille

Stärken und Schwächen gehören zusammen wie Tag und Nacht. Ohne das eine bliebe das andere unerkannt. Vorsicht: Jede Stärke, wenn überbetont, wird sich als Schwäche erweisen! Frage ich Klienten nach ihren Stärken, fallen ihnen meist zuerst die Dinge ein, die sie nicht können. Ebenso verhält es sich, wenn ich frage, was sie wollen. Vor allem Frauen erzählen dann gern viel von dem, was sie nicht wollen. So ist es auch mit den geliebten Stärken und den ungeliebten Schwächen.

Halb voll oder halb leer?

Jeder Mensch besitzt sie in unterschiedlicher Ausprägung. Allerdings gibt es manche, die fokussieren auf das Positive. Das sind diejenigen, deren Glas immer halb voll ist, die dem Denken in Lösungen mehr abgewinnen als dem Mangel eines halb leeren Glases und dem Ergründen von Problemen. Um ein ausgewogenes, vollständiges Bild zu gewinnen, sind jedoch beide Sichtweisen gleich wichtig. Ohne das vermeintlich Negative können wir das vermeintlich Positive nicht sehen.

Schwächen können Sie nicht einfach loswerden

Schwächen haben ihre Daseinsberechtigung. Trotzdem bitten mich Klienten häufig, ihnen beim »Ausmerzen ihrer Schwächen« zu helfen. Eine Arbeit, die uns bis ans Ende unserer Tage beschäftigen könnte – mit äußerst geringen Erfolgschancen. Es ist wie mit dem Unkrautjäten im Garten. Hinten angekommen, könnten Sie vorn gleich wieder anfangen, weil das Unkraut schon wieder nachgewachsen ist. Pflanzen Sie aber mehr Blumen – sprich entwickeln Sie Stärken –, hat das Unkraut weniger Platz. Möglicherweise ist das Unkraut sogar nützlich, zum Beispiel als Bienennahrung, Heilkraut oder Anzeiger bestimmter Bodenqualitäten. Und genauso verhält es sich mit Schwächen.

To do

Akzeptieren Sie Ihre Schwächen oder klopfen Sie sie auf verborgene Stärken hin ab. Dadurch entwickeln Sie Ihr Stärken/Schwächen-Portfolio. Nehmen Sie Ihr Arbeitsheft zur Hand und schreiben Sie jeweils eine der folgenden Fragen als Titel auf eine Seite:

- ❑ Warum sind andere gern mit mir zusammen?
- ❑ Was kann ich besonders gut?
- ❑ Wo reagiere ich anders, als ich möchte?
- ❑ Was mache ich besonders gern?
- ❑ Wofür werde ich gelobt?
- ❑ Worauf bin ich stolz?
- ❑ Wofür habe ich kein Händchen?
- ❑ Worum beneiden mich andere?
- ❑ Wovor habe ich Angst?
- ❑ Welche Träume habe ich?

Nehmen Sie sich so viel Zeit, wie Sie brauchen, um diese Fragen schriftlich zu beantworten. Sie können die Seiten immer wieder ergänzen. Es wird Sie erstaunen, wie viel Dinge Ihnen nach und nach einfallen, und Stück für Stück ergibt sich Ihr Stärken/Schwächen-Portfolio.

Ihr Dreiklang

Und nun finden Sie mindestens fünf Beispiele zu folgenden drei Fragen:

1. Was tue ich wirklich gern?
2. Wie beurteilen andere meine Kompetenz?
3. Was kann ich nach eigener Einschätzung besonders gut?

Was tue ich wirklich gern? Diese Frage zielt auf Ihre Präferenz, das vernachlässigte Pflänzchen. Das ist etwas, das Sie mit Vorliebe und oftmals mit Begeisterung tun. Und weil es Ihnen Freude macht, liegt der Verdacht nahe, dass Sie darin auch ziemlich gut sind. Dieser Lustfaktor ist etwas Naturgegebenes und ändert sich im Berufsleben nur in etwa 35 Prozent der Fälle.
Wie beurteilen andere meine Kompetenz? Diese Frage bezieht sich darauf, worin andere Sie als Expertin sehen. Das, worin Sie eine besondere Kenntnis oder Fertigkeit erlangt haben. Kompetenz bekommt man durch Studieren, Lesen, Erfahrung, Reflexion, Lernen oder Training. Kompetenz kann jedoch auch angeboren sein, dann spricht man von Talent oder Begabung, zum Beispiel bei Mathematikgenies oder Sprachbegabten.
Stärken stärken: Was kann ich nach eigener Einschätzung besonders gut? Diese Frage ist die wichtigste von allen und besonders für Frauen, die sowieso anspruchsvoller und/oder bescheidener sind als Männer, eine echte Herausforderung. Hier geht es um Ihre Stärken. Das, was Sie unverwechselbar macht, das, worin Sie andere überflügeln und man Ihnen kein X für ein U vormachen kann.
Sie haben zu den drei Fragen fünf Beispiele gefunden? Bravo, jetzt haben Sie einen wunderbaren Dreiklang:

1. Sie sind sich Ihrer eigenen Lustfaktoren (Präferenzen) bewusst und werden sie hoffentlich berücksichtigen, damit das innere Glücksgefühl seinen Platz hat.
2. Sie sind sich über Ihre Kompetenzen im Klaren und können sie gezielt weiterentwickeln, frei nach dem »Blumenpflanzen-statt-Unkrautjäten-Prinzip«.
3. Sie kennen Ihre ganz persönlichen Stärken und können sie jederzeit, ohne groß zu überlegen, Ihren Vorgesetzten plausibel machen. Als Sahnehäubchen obendrauf haben Sie sich mit Ihren Schwächen ein bisschen angefreundet und festgestellt, dass sie so schlimm gar nicht sind. Oder Sie können eine Schwäche durch eine Stärke aufheben – wie im folgenden Beispiel:

z.B.

> Eine meiner Klientinnen bezeichnete sich als ziemlich schüchtern und unsicher. Sie wollte so gern stark und sicher sein, weil sie glaubte, dadurch besser voranzukommen. Im Coaching wurde ihr klar, dass sie durch ihre Art einen guten und schnellen Zugang zu anderen hatte, die sich ihr gern anvertrauten. So erfuhr sie vieles und konnte manchmal sogar großen Einfluss nehmen. Sie lernte, ihre Unsicherheit als Empathie und ihre Schüchternheit als Einfühlsamkeit anzunehmen und zu schätzen.

Eine vermeintliche Schwäche kann Sie zum Beispiel daran hindern, eine gute Präsentation zu halten, weil Sie glauben, zu versagen. Dadurch werden Sie selten im Rampenlicht stehen und die Gefahr besteht, dass man Sie bei Beförderungen einfach übersieht, denn Leistung allein wird selten bemerkt. Wollen Sie daran arbeiten, um im Business voranzukommen, könnten Sie sich zum Beispiel mit Ihrer Versagensangst konfrontieren – am besten mit einem geeigneten Experten. Oder ein Präsentationstraining mit Videoaufzeichnung besuchen, das Ihnen einen objektiveren Eindruck von Ihren Fähigkeiten vermittelt. Falls Sie das wenig begeistert, empfehle ich

Ihnen, Ihre ganz persönliche Art zu entwickeln, sich bemerkbar zu machen. Sorgen Sie dafür, dass Sie trotz fehlendem Rampenlicht von Vorgesetzten/Mächtigen positiv bemerkt werden – das heißt, dass Sie auf eine Weise in Erscheinung treten, die Ihrer Persönlichkeit und Ihren Fähigkeiten entspricht.

To do

Wenn Sie mit Ihren Schwächen arbeiten wollen, sehen Sie sich Ihre Schwächen einmal dahingehend an:

1. Was vermeiden Sie durch Ihre Schwäche?
2. Wofür ist Ihre Schwäche hilfreich? Wobei nützt sie Ihnen?
3. Wo kann Ihre Schwäche gefährlich sein – für Sie und andere?
4. Worauf müssen/wollen/werden Sie achten?
5. Welches sind die nächsten konkreten Schritte, die Sie gehen werden?

No risk, no fun – Risikobewusstsein oder Chancenjagd?

Die Zwischentöne für Ihren ganz persönlichen Dreiklang aus Präferenz, Kompetenz und Stärken/Schwächen heißen Achtsamkeit und Risikofreude. Sie mögen sich auf den ersten Blick widersprechen, sind jedoch ein gutes Team, um Sie in der Balance zu halten.

Achtsamkeit und Risikofreude sind eine tolle Mischung

Achtsamkeit brauchen Sie, um Ihr gesamtes Potenzial auszuloten und zu erkennen. Um in sich hineinzuspüren, ob das, was Sie empfinden, wirklich Ihr Gefühl ist oder das Flüstern eines Ihrer Antreiber oder Bremser. Achtsam sollten Sie auch sein beim Einsatz Ihres Potenzials, bei der Dosierung Ihrer Stärken und Ihrer Power – denn nicht alle sind so stark wie Sie. Achtsamkeit hilft Ihnen auch, die Signale Ihres Körpers (somatische Marker) beizeiten wahrzunehmen – bevor Sie sich überlasten, krank werden oder sich ein ausgewachsenes Burnout-Syndrom abzeichnet.

Die Risikofreude hingegen beflügelt Sie, Neues auszuprobieren. Das können Ideen sein, die Sie einbringen, das Unbekannte in einem neuen Team oder mit einer neuen Führung, ein neuer Job ... Oder Sie wagen etwas, von dem Sie bisher geglaubt haben, es mache Sie verletzlich oder Sie würden dadurch an Image verlieren. Risiko ist immer dabei, bei allen Veränderungen und Entwicklungen. Vor allem wenn man den Mut hat, sichtbar aus der Reihe zu tanzen und für sich selbst einzustehen.

Business-Spielregel: Risiko, Perfektionsdrang und Chance sind eng miteinander verwoben. Es lohnt sich für Sie, wenn Sie Ihren inneren Spuren folgen und Ihrem Kopftheater auf den Grund gehen. Über ungenutzte Chancen werden Sie lange nachdenken und sie sehr lange bereuen! Wie heißt es so schön: »No risk, no fun!« Trotzdem: Bevor Sie Ihrer Risikofreude freie Bahn geben, spielen Sie mental vorher durch, was im schlimmsten Fall passieren könnte. Wenn Sie damit gut leben können und andere dabei nicht zu Schaden kommen: Dann, ja dann – nichts wie rein ins spielerische Vergnügen!

Alle sagten, das geht nicht. Dann kam jemand, der wusste das nicht und hat es getan.

Zugegeben, es ist manchmal sehr reizvoll, etwas auszuprobieren, etwas zu wagen, sich aus dem Fenster zu lehnen und mutig zu sein. Gleichzeitig beinhaltet das Risiko einen gewissen Nervenkitzel: »Schaff ich's oder schaff ich's nicht?« Risiko entsteht immer dann, wenn es um Neues geht, man sich also auf unbekanntes Terrain begibt. Der Wechsel eines Arbeitgebers ist genauso ein Risiko wie ein lukrativer Großauftrag. Wird es gut gehen und gelingen? Ist es ein überschaubares Risiko oder ein Harakiri-Unterfangen? Die Wahl, der Herausforderung eines möglichen Versagens zu begegnen oder in der sicheren Komfortzone stehen zu bleiben, müssen Sie treffen. Beides ist möglich. Entscheiden Sie selbst, was Ihnen in Ihrer Situation am besten erscheint und Sie Ihrem Ziel näher bringt.

To do

Wie hoch ist Ihre Risikofreude? Es bleibt Ihnen überlassen, die Höhe eines Risikos einzuschätzen, allerdings empfiehlt sich vorher eine genaue Risiko-Analyse anhand dieser Checkliste:

- ❑ Habe ich alles, was ich brauche, um dieses Risiko erfolgreich zu bewältigen? (Dazu gehören Fachkenntnisse, Manpower, Zeit, Ressourcen jeder Art.)
- ❑ Was kostet mich das? (Geld, Zeit, Ressourcen, Image, Reputation)
- ❑ Wie hoch schätze ich den Risikoquotienten ein? (kalkulierbar, risikobehaftet, mutig, leichtsinnig)
- ❑ Wie hoch ist die Wahrscheinlichkeit, dass ich es schaffe?
- ❑ Hält mein Enthusiasmus für das gesamte Projekt?
- ❑ Wie gehe ich mit Widrigkeiten um? Welche »Knautschzonen« beziehungsweise »Polster« habe ich?
- ❑ Was passiert, wenn es überhaupt nicht klappt?
- ❑ Gibt es einen »Plan B«, auf den ich zurückgreifen kann, wenn es schiefgeht?
- ❑ Wie sieht die Analyse des allerschlimmsten Falles aus? Was oder wer leidet dabei und welche Konsequenzen hat es?

Wenn Sie nach dieser Denkarbeit das Risiko, das Sie eingehen möchten, für überschaubar halten und der Meinung sind, dass sich das Unterfangen lohnt, dann nichts wie los! Seien Sie jedoch vorsichtig, wenn Sie das Gefühl haben, dass Sie Risiken eingehen, die Sie überfordern, oder dass Sie Ihre finanzielle Sicherheit aufs Spiel setzen. Von Provokationen oder Mutproben sollten Sie die Finger lassen, bevor Sie sich die ganze Hand verbrennen!

Das größte Risiko ist, keines einzugehen

Wenn Sie Risiken annehmen, entdecken Sie Neuland, entwickeln Ihr Potenzial, ergreifen Chancen, kommen weiter, machen neue Erfahrungen und wissen hinterher viel mehr über sich selbst, vor allem wie Ihre und die Welt als Ganzes tickt. Wenn Sie keine Risiken eingehen, werden Sie bestenfalls da stehen bleiben, wo Sie gerade sind, oder im Normalfall sogar hinter Ihre jetzige Position zurückfallen. Mit Folgen. Ihre Konkurrenzfähigkeit leidet, Ihr Horizont wird begrenzt, Sie stagnieren in Ihrer beruflichen und persönlichen Entwicklung, denn wer nicht voranschreitet, fällt zurück. Das ist eine traurige Verschwendung Ihrer Fähigkeiten, Talente und Möglichkeiten. Vermutlich ist es auf unbewusste Angst vor Neuem, vor Blamage oder gar Versagen zurückzuführen. Vielleicht ist Ihnen früher etwas Wichtiges misslungen oder Sie sind vor versammelter Mannschaft in Fettnäpfchen getreten oder sich sonst irgendwie die Schneid abkaufen lassen. Interessant wäre, festzustellen, ob und was Sie seither dazugelernt haben, damit Sie diesmal getrost ein bisschen Risiko eingehen können. Stellen Sie sich diese Frage selbst, und wenn Sie keine schlüssige Antwort finden, fragen Sie gute Freunde oder investieren Sie in professionelles Coaching. Falls Sie Bedenken haben, sich in diesen Gesprächen als Angsthase zu outen: Gute Freunde mögen Sie dann immer noch und ein Coach urteilt nicht, sondern reflektiert mit Ihnen, damit Sie verstehen, akzeptieren oder etwas verändern, wie zum Beispiel ein optimiertes Verhalten entwickeln.

Die Illusion der Perfektion

Mit Netz und doppeltem Boden

Menschen, die einen starken Perfektionsdrang haben, werden selten ohne Netz und doppelten Boden arbeiten. Fast alle Manager sind angetrieben von der Idee, die perfekte Entscheidung zu treffen, die perfekte Karriere zu machen, die perfekte Leistung zu bringen, die perfekte Führungskraft zu sein. Die Liste lässt sich unendlich fortführen, denn unsere Erwartungshaltung in Bezug auf Perfektion scheint phänomenal hoch zu sein. Jetzt mal ehrlich: Glauben Sie allen Ernstes, dass es irgendjemandem auf dieser Welt gelingt, perfekt zu sein? Ich habe jedenfalls noch niemanden getroffen, der perfekt ist oder war. Alle hatten ihre kleinen und großen Macken. Doch gerade diese Macken machen Menschen sympathisch und liebenswert.

Fehler machen ist wichtig!

Fehler als Lernchancen

Als Fehler bezeichnen wir zum Beispiel Entscheidungen oder Verhaltensweisen, die in dem Moment, in dem sie getroffen oder gezeigt wurden, falsch erschienen. Das aber hindert sie nicht daran, sich in der Zukunft als vollkommen richtig zu erweisen. Viele »Fehler auf den ersten Blick« haben sich zu wahren Erfolgsstorys entwickelt. So entstand zum Beispiel das heute aus den Büros nicht wegzudenkende Post-it aus einem Leim, der nicht haften wollte – heute ist es einer der Hauptumsatzträger von 3M. Fortschrittliche Unternehmen im amerikanisch geprägten Wirtschaftsraum haben daraus eine »Don't blame«-Kultur entwickelt, die Fehler als Lernchancen begrüßt, anstatt mit Beschuldigungen um sich zu werfen. Mittelmäßige Erfolge werden abgestraft und großartige Fehler belohnt – ein interessanter Paradigmenwechsel. Aus Fehlern lernen wir, sie erweitern unseren Erfahrungshorizont und erhöhen unseren Wissensstand. Als Henry Ford von einem Journalisten nach dem Geheimnis seines Erfolges gefragt wurde, sagte er: »Das Geheimnis meines Erfolges ist, dass ich wenig Fehler mache.« Der Journalist fragte: »Und warum machen Sie kaum Fehler?« »Weil ich viel Erfahrung habe«, antwortete Ford. Der Journalist darauf: »Wie haben Sie derart viele Erfahrungen gesammelt?« Darauf antwortete Ford mit einem kleinen Lächeln: »Weil ich so viele Fehler gemacht habe.«

To do

Fehler machen gehört zum Business und zum Leben. Wenn Sie einen Fehler gemacht haben, geben Sie ihn zu. Sorgen Sie sofort für Schadensbegrenzung, korrigieren Sie ihn schnellstmöglich und entschuldigen Sie sich. Vertuschen kostet viel Kraft, ist selten erfolgreich und nützt niemandem. Am wenigsten Ihnen selbst. Fragen Sie sich und lernen Sie, mit eigenen und den Fehlern anderer gleichermaßen konstruktiv umzugehen:

- ❑ Was ist wirklich geschehen? Machen Sie den Realitäts-Check und seien Sie dabei – so möglich – freundlich mit sich selbst. Sie wissen ja, niemand anders kann Sie so fertigmachen wie Sie selbst!
- ❑ Haben Sie sich tatsächlich blamiert oder bilden Sie es sich nur ein?
- ❑ Wie können Sie schnellstens Ihren Fehler korrigieren?
- ❑ Bei wem ist eine Entschuldigung nötig? Wo ist »Schadenersatz« nötig?
- ❑ Wie setzen Sie sich am besten dafür ein, dass der Fehler wiedergutgemacht wird?
- ❑ Was lernen Sie aus diesem Fehler? Nutzen Sie diese »Lernchancen in Arbeitskleidung« und das große Potenzial, das in ihnen steckt.

Wahre Chancen erkennen und rechtzeitig nutzen

Chancen sind Möglichkeiten, in denen die zu erwartende Erfolgsquote das einzugehende Risiko deutlich überwiegt. Um Chancen ergreifen zu können, muss man sie erst einmal erkennen. Chancen erkennen Sie an folgenden Merkmalen:

- ❑ Sie richten sich in die Zukunft – versprechen Innovation und erlauben Gestaltung.
- ❑ Vorher ist dies noch niemandem gelungen – Sie könnten es schaffen!
- ❑ Der Nutzenaspekt überwiegt das einzugehende Risiko.
- ❑ Sie sind hinterher reicher an Erfolg, Erfahrung, Besitz, Image oder Status.
- ❑ Es macht Sie richtig an …
- ❑ Genau das, was sich hier gerade auftut, wollten Sie schon immer mal machen/haben/bewirken ...

Die Angst, zu versagen

Manchmal begegnen uns Chancen, die wir nicht ergreifen, weil wir Angst haben, zu versagen – siehe oben. Hier lohnt es sich, die Gründe zu hinterfragen. Manchmal sehen wir aber auch in allem eine Chance, nur weil wir von der eigentlichen »Baustelle« ablenken wollen. Es ist einfacher, unter der Last vieler Baustellen zu ächzen, als wirklich konkret etwas zu verändern. Auch hier ist Hinterfragen angesagt. Lassen Sie sich gerade durch unbewusstes Chancen-Jagen ablenken? Was haben Sie davon, wenn Sie vermeiden, sich auf das Wesentliche zu fokussieren? Welche Chance, welches Lernpotenzial liegt für Sie in dieser Erfahrung?
Selbstverständlich bleibt es Ihnen überlassen, wie Sie Ihre eigene Balance zwischen Risiko, Chance und Sicherheitsbedürfnis gestalten. Sie sind Herrin in Ihrem Haus – die Meisterin Ihres Spiels und definieren Ihre eigenen Regeln.

Business-Spielregel: Bleiben Sie sich selbst treu und behalten Sie auch bei Fehlern Ihre Selbstachtung.

Authentizität und Anpassung – ein Wiegeschritt

Nach Jahren der Uniformität legen Unternehmen wieder Wert auf die Persönlichkeit ihrer Mitarbeiter. So wollen sie sicherstellen, dass sich der Aufwand der Einarbeitung lohnt und ihnen die neu qualifizierte Arbeitskraft auch lange erhalten bleibt. Wichtig ist, dass sich die Neue ohne große Reibungsverluste in das bestehende Gefüge aus Kollegen, Mitarbeitern, Hierarchiestufen und Arbeitsprozessen einbinden lässt. Trotz aller Anpassung ist Authentizität wichtig. Unternehmen erkennen, dass sie durch angepasste Ja-Sager Kreativität verlieren und der Keim der Innovation im Unkonventionellen steckt.

Persönlichkeit ist gefragt

Personalberater erzählen, dass ihre Kunden nicht mehr die bestqualifizierten Kandidaten einstellen, sondern auf Charakter Wert legen.

Das sagt an sich noch nichts aus über einen guten oder weniger guten Charakter. Gemeint ist jemand mit authentischer Persönlichkeit. Doch was ist darunter zu verstehen? Authentizität übersetzt man mit Echtheit, Glaubwürdigkeit, Zuverlässigkeit – alte Tugenden. In unserer von Medien und Manipulation dominierten Zeit ist es interessant, zu sehen, wie das Pendel vom Selbstdarsteller hin zum »wahren Menschen« schwingt. Doch wie viel Persönlichkeit ist im Beruf erlaubt?

Big Five

Integrität ist ein weiterer großer Pluspunkt. Integrität ist nichts anderes, als dass Sie xyz tun, wenn Sie xyz gesagt haben. Also ganz einfach? Nun, manchmal ist es schon hart, integer zu sein – die Versuchung und der schwer zu bändigende »innere Schweinehund« locken immer wieder. Jeder besitzt einen eigenen Integritätspegel und es gibt Persönlichkeitstests, aus denen Unternehmen ableiten, ob Mitarbeiter die Firma beklauen, sabotieren oder ausspionieren.
Die Psychologie bezeichnet den Charakter eines Menschen als Summe seiner Persönlichkeitsmerkmale und der daraus resultierenden ständigen Verhaltensweisen. »Big Five« nennt man fünf Persönlichkeitsmerkmale, die jeder Mensch in unterschiedlicher Ausprägung besitzt und die im Lauf des Lebens erhalten bleiben. Sie wurden bereits in den 1930er-Jahren identifiziert und von Paul T. Costa und Robert R. McCrae zu einem Persönlichkeitstest weiterentwickelt, dessen Ergebnis weitgehend objektiv und zuverlässig ist. Aus den Big Five (Großen Fünf) lassen sich bestimmte Verhaltensmuster und Eigenschaften der Mitarbeiter ablesen.

To do

Sie können diesen Test professionell durchführen lassen oder sich auf einer Skala von 1 (trifft nicht zu) bis 5 (trifft sehr zu) selbst einschätzen:

1. Emotionale Ansprechbarkeit beinhaltet:
   - ❑ Ängstlichkeit: Wie robust ist die Arbeitnehmerin, wenn sie irritiert wird?
   - ❑ Reizbarkeit: Wie ausgeglichen verhält sich jemand, wenn Stress auftritt?

- ❑ Depression: Wie geht frau mit Fehlern und Fehlschlägen um?
- ❑ Befangenheit: Wie gut kann sich die Mitarbeiterin bei Unangenehmem distanzieren?
- ❑ Impulsivität: Wie spontan reagiert der Mensch?
- ❑ Verletzlichkeit: Handelt es sich hier um eine Rose, die sich schützen kann?

2. Extraversion bezieht sich auf:
   - ❑ Herzlichkeit: im Arbeitsleben eine unverzichtbare Gratwanderung
   - ❑ Geselligkeit: Betriebsnudel oder Salonlöwin?
   - ❑ Durchsetzungsfähigkeit: Für Frauen ein absolutes Muss!
   - ❑ Aktivität: Wie hoch ist die Eigeninitiative? Werden Impulse gegeben?
   - ❑ Erlebnishunger: Wie viel Motivation ist nötig?
   - ❑ Frohsinn: Sonnenschein in der Abteilung hebt die Produktivität!

3. Offenheit für Erfahrungen bedeutet:
   - ❑ Fantasie: Denken außerhalb der Norm
   - ❑ Ästhetik: Sinn für Gestaltung und Schönes
   - ❑ Gefühle: Zulassen und im Arbeitsleben wohl dosiert einsetzen!
   - ❑ Handlungen: Das A und O, will man erfolgreich sein.
   - ❑ Ideen: Ohne Innovationen geht gar nichts!
   - ❑ Werte und Normen: Sie werden zunehmend wichtiger.

4. Verträglichkeit im beruflichen Umfeld heißt:
   - ❑ Vertrauen in andere, in sich selbst und die eigenen Fähigkeiten

- ❑ Freimütigkeit anstelle von Herumdrucksen
- ❑ Balance zwischen Altruismus und Egoismus
- ❑ Entgegenkommen dem anderen gegenüber
- ❑ Bescheidenheit statt mehr Selbstdarstellung
- ❑ Gutherzigkeit

5. Gewissenhaftigkeit liegt im Trend. Daraus leiten sich ab:
   - ❑ Kompetenz
   - ❑ Ordnungsliebe
   - ❑ Pflichtbewusstsein
   - ❑ Leistungsstreben
   - ❑ Selbstdisziplin
   - ❑ Besonnenheit

Wenn Sie sich bezüglich Ihrer eigenen Einschätzung unsicher sind, ist eine Investition in ein klärendes Coaching sicherlich lohnender, als mit Fehlinterpretationen bezüglich der eigenen Persönlichkeit unterwegs zu sein.

Merkmale einer authentischen Persönlichkeit

Deutliche und für jeden erkennbare Merkmale einer sicheren Persönlichkeit sind erstens ein gesunder Optimismus, also die Zuversicht, dass sich die Lage, so aussichtslos sie momentan erscheinen mag, früher oder später wieder bessert. Zweitens der Realismus, das heißt, zu erkennen, was ist, und sich den Umständen anzupassen, wenn man sie nicht ändern kann. Drittens sind dankbare Menschen glücklicher und haben weniger Depressionen. Viertens ist Selbstbewusstsein wichtig, weil starke Menschen an ihre Fähigkeiten glauben und sich realistische Ziele setzen, die sie – fünftens – mit Beharrlichkeit und Interesse verfolgen. Sechstens bringen positive Neugier und Offenheit für Unbekanntes die Menschen leicht in Kontakt mit anderen, was siebtens menschliche Zuwendung garantiert.

Werte – Ihr Kompass

Stolz verkünden Unternehmen, von ethischen Werten geleitet zu werden. Meist stehen sie nur auf dem Papier, anstatt in den Köpfen der Mitarbeiter verankert zu sein. Bei persönlichen Werten ist das anders. Werte sind unsere Leitidee, sie funktionieren wie ein Kompass, der uns die Orientierung erleichtert und hilft, uns für eine Richtung zu entscheiden. Werte tragen wir in uns und sind uns ihrer nur allzu selten bewusst. Sie leiten unser Denken, Fühlen und Handeln. Sie sind die Quelle unserer Inspiration und Motivation. Werte hindern uns daran, etwas zu tun, das unserer inneren Einstellung zuwiderläuft oder womit wir Schaden anrichten. Werte beflügeln uns, etwas in Angriff zu nehmen.

Welche Werte sind Ihnen wichtig?

To do

Welche Werte leiten Sie? Denken Sie über folgende Fragen nach und kommen Sie Ihren Werten auf die Spur:

- ❑ Was ist für Sie beruflich/privat/persönlich wichtig? Was bedeutet Ihnen besonders viel?
- ❑ Wie wollen Sie als Chefin/Mitarbeiterin/Kollegin sein?
- ❑ Was wollen Sie erreicht haben, wenn Sie in Rente gehen/diese Welt verlassen?
- ❑ Weshalb wollen Sie diese Aufgabe/das Projekt/den Job übernehmen? Was motiviert Sie daran?
- ❑ Worüber können Sie sich freuen? Welches ist der Auslöser für diese Freude?
- ❑ Welches war der größte Erfolg/der größte Misserfolg in Ihrem Leben? Weshalb?
- ❑ Wer ist Ihr Vorbild? Was bewundern Sie am meisten an ihr/ihm?
- ❑ Was würde Ihre beste Freundin/Ihr bester Freund über Sie sagen? Fragen Sie!

Hier einige plakative Beispiele, die Ihnen helfen können, sich selbst auf die Spur zu kommen:

- ❑ Sicherheit ist Ihnen wichtig: Sie werden auf Berechenbarkeit achten und berechenbar sein. Geld bedeutet für Sie Sicherheit. Unsicherheit können Sie schlecht aushalten. Bei Menschen achten Sie darauf, dass Sie sich auf sie verlassen können. Bei neuen Bekanntschaften sind Sie vorsichtig.
- ❑ Liebe und Wertschätzung bedeuten Ihnen sehr viel. Dafür würden Sie alles tun. Doch wenn Ihnen Liebe genommen und Sie verlassen oder abgelehnt werden, könnten Sie in tiefste Depression versinken oder auf Rachefeldzug gehen. Wer Sie verletzt, hat verloren.
- ❑ Soll alles, was Sie tun, einen Sinn ergeben, werden Sie weniger für den Papierkorb arbeiten, unsinnigen Anweisungen folgen oder solche geben.
- ❑ Sind Ihnen Einflussnahme und Macht wichtig, könnten Sie Schwierigkeiten haben, mit einer untergeordneten Position zurechtzukommen oder das Gefühl des Ausgeliefertseins auszuhalten.
- ❑ Lieben Sie die Herausforderung und das Abenteuer, gehen Sie ein wie eine Primel, wenn Sie nur Routineaufgaben und einen »Neun bis fünf«-Job haben.

Notieren Sie sich Ihre persönlichen Worte in Ihrem Arbeitsbuch und kreieren Sie einen griffigen Satz, der Sie ausmacht.

Business-Spielregel: Wir werden nur dann überzeugen und wertvoll im Business sein, wenn wir im Rahmen unserer eigenen Werte leben und arbeiten können. Denn eines ist sicher: Die eigenen Werte werden wir stets verteidigen. Werden sie verletzt, verraten oder nicht erfüllt, geht es uns schlecht, wir fühlen uns unwohl und unser Energiepegel sinkt. Unsere Entscheidungen, unser Verhalten und wie wir andere einschätzen beziehungsweise wertschätzen, werden durch unsere persönlichen Werte geprägt.

Grenzen setzen und einhalten – Territorien definieren

Viele Frauen haben Probleme damit, sich abzugrenzen, und nehmen vieles viel zu persönlich. Vor allem diejenigen, die gemocht werden wollen. Sie haben Angst, als egoistisch und selbstsüchtig dargestellt zu werden. Wer ist nun wirklich egoistisch – derjenige, der gut auf sich aufpasst, oder derjenige, der seinen Status quo erhalten will? Nur wenn Sie gut für sich selbst sorgen, können Sie gut für andere sorgen.

Wer Grenzen setzt, wird respektiert

Sorgen Sie gut für sich selbst!

Wie verteidigen Sie sich und das, was Ihnen etwas wert ist? Wann sagen Sie Ja, obwohl Sie Nein meinen? Warum sind Grenzen so wichtig? Zum einen verhindern Sie dadurch, dass sich Fremde in Ihrem Gebiet einnisten oder Ihnen etwas wegnehmen. Zum anderen manifestieren Sie Ihre eigenen Ansprüche und sichern Ihre Zufriedenheit. Ein zufriedener Mensch kann auch einmal etwas hintanstellen, während ein Unzufriedener stets auf Gegenleistungen pocht. Wer Grenzen setzt, wird respektiert. Wer schwache Grenzen hat, zieht Menschen an, die keinen Respekt haben.

To do

Probieren Sie aus, Grenzen zu setzen. Sagen Sie eine Woche zu allem, was Ihnen angetragen wird, erst einmal Nein. Das heißt nicht, dass Sie alles rundherum ablehnen müssen – sondern Sie sagen erst einmal Nein und bauen ganz langsam Ihre Grenzen. Einige Beispiele:
»Frau Müller, hätten Sie heute Zeit für die Projektbesprechung?« Sie antworten: »Nein, heute kann ich nicht. Es sei denn, ich würde einige Termine verschieben. Ist die Besprechung notwendig oder können wir sie auf morgen verschieben?«

Ihr Vorgesetzter bittet Sie, für ihn eine dringende Aufgabe zu übernehmen. Diese Aufgabe wäre eine prima Gelegenheit für Sie, im Unternehmen positiv aufzufallen. Was machen Sie? Sie könnten zum Beispiel sagen: »Schade, nein, das geht im Moment leider nicht, ich habe schon viel zu tun. Gern übernehme ich diese Aufgabe für Sie, wenn Sie mir helfen, unwichtigere Aufgaben abzugeben.«

Sie erkennen es: Nicht alle sind echte Neins. So gewöhnt sich Ihr Ohr und das Ohr Ihres Gegenübers an den Klang des Tabu-Wortes Nein. Und der andere erfährt so ganz nebenbei, dass Sie eine verantwortungsvolle Frau und eine gefragte, viel arbeitende Mitarbeiterin sind, die sich kooperativ und entgegenkommend bemüht, allen Anforderungen gerecht zu werden.

Business-Spielregeln:

- ❑ Wenn Sie selbst klare Grenzen setzen, werden Sie erkennen, dass Ihre Grenzen nicht die einzigen sind, die es gibt.
- ❑ Es ist wichtig, dass Sie die Grenzen der anderen erkennen und einhalten.
- ❑ Es kommt gut an, den anderen zu fragen, ob Sie gerade stören dürfen, um Rat fragen können und so weiter. »Bitte« und »Danke« sind magische Grenzenöffner.
- ❑ Es schadet nicht, sich einmal zu viel zu entschuldigen, wenn Sie glauben, eine unsichtbare Grenze überschritten zu haben. Entschuldigungen machen nicht klein, sondern zeigen dem anderen Respekt und Wertschätzung.

Grenzkonflikte statt Grabenkriege

Grenzkonflikte wird es immer geben. Manchmal sind es einfach Missverständnisse, manchmal entwickeln sich üble Partisanenkriege, wenn sie nicht zeitnah angesprochen und aufgelöst werden.

Entwickeln Sie deshalb erst für sich, dann mit Ihrem Gegner/Ihrer Gegnerin Möglichkeiten einer Lösung, die Ihnen beiden etwas bringt. Dazu eine Geschichte:

z.B.

Zwei Kinder streiten um eine Orange und bitten Sie, den Streit zu schlichten. Was würden Sie tun? Wahrscheinlich die Orange teilen. Sie schneiden die Orange durch und geben jedem Kind die Hälfte. Das ist fair, aber beide Kinder sind unglücklich. Weshalb? Das Mädchen wollte die Orangenschale für den Kuchen und der Junge wollte Orangensaft. So hätten Sie beide glücklich gemacht.

Lernen Sie die Absichten und Bedürfnisse des anderen kennen

Um richtig entscheiden zu können, sollten Sie die Absichten und Bedürfnisse Ihres Gegenübers kennen. Dazu eignet sich besonders gut die sogenannte Harvard-Methode – siehe Literaturempfehlungen. Dabei geht es um das Verhandeln auf sachlicher Ebene, anstatt wie üblich unterschiedliche, emotional gefärbte Positionen einzunehmen. Wenn Sie die Sache anstatt Ihrer Person oder Ihrer Emotionen in den Mittelpunkt stellen, können Sie eine Vielzahl von Lösungsoptionen entwickeln, die sogar die Interessen aller Verhandelnden abdecken.

Business-Spielregel: Seien Sie achtsam – setzen Sie Grenzen. Auch sich selbst! Eine Lösung ist dann ideal, wenn sie jedem Verhandlungspartner einen Nutzen bringt. Beherzigen Sie bitte bei Verhandlungen: Hart in der Sache, weich in der Person. Mehr zur Konfliktlösung finden Sie auf Seite 171 »Konflikte sind zum Lösen da« oder auf Seite 162 zum Verhandeln.

Unterscheiden Sie zwischen Person, Rolle und Funktion!

Oft fühlen wir uns im Berufsleben durch Kritik, Ungerechtigkeit etc. persönlich verletzt, gekränkt oder angegriffen und reagieren darauf sehr emotional.

Tipp Empfehlenswert ist es, sich Angriffe oder Kritik erst einmal aufmerksam anzuhören. Wenn Sie dann gezielt nachfragen, zum Beispiel »Gibt es Argumente dafür oder eine Unterlage dazu?«, kommen Sie leichter wieder auf die Sachebene.

Person, Rolle, Funktion

Unsere Persönlichkeit nehmen wir immer mit – mit allen positiven und weniger guten Aspekten. Persönlichkeit zu zeigen gibt uns Authentizität. Neben unserer Persönlichkeit haben wir auch eine Rolle und in dieser Rolle unterschiedliche Funktionen. Rolle und Funktion sind wandelbar, während die Person stets wir selbst sind. Bildlich kann man es sich so vorstellen: Sie tragen unterschiedliche Kleider (Rolle) und Hüte (Funktion), die Sie je nach Anlass wechseln. Das Outfit ändert sich, die Person bleibt die gleiche. Zum Beispiel:

- Als Führungskraft (Rolle) darf ich keine Schwäche zeigen, sonst verlieren meine Mitarbeiter das Vertrauen (eine Funktion der Führungskraft), selbst wenn ich (Person) mich manchmal unsicher fühle.
- Als Projektverantwortliche (eine Funktion im Team) hat mich mein Chef zwar kritisiert, weil ich den Termin überzogen habe. Mit mir als Führungsperson (Rolle) war er zufrieden.
- Als Führungskraft (Rolle) muss ich die Richtung vorgeben (eine Funktion), auch wenn ich mir (Person) manchmal nicht ganz sicher bin.
- Als Mutter (Rolle) bin ich für das Wohlergehen meiner Kinder verantwortlich (beinhaltet mehrere Funktionen wie Nahrung, Erziehung, Zuwendung) und gehe ganz in meinen Gefühlen auf (Person).

Business-Spielregel: Unterscheiden Sie zwischen der Person, die Sie sind, welche Rolle Sie im Moment spielen und welche Funktion Sie darin zu erfüllen haben. Diese Unterscheidung hilft

Ihnen, Situationen objektiver zu betrachten, weniger schnell gekränkt oder verletzt zu sein, schneller sachlich zu reagieren und unnötige Konflikte zu vermeiden.

Aus Kritik und Ablehnung lernen

Wenn Sie auf Kritik und Ablehnung lieber verzichten, geht es Ihnen so wie fast allen Menschen. Niemand möchte kritisch be- oder verurteilt werden. Beides ist unangenehm und manchmal schmerzhaft, konfrontiert es uns doch mit weniger angenehmen Aspekten unserer Persönlichkeit oder unseres Verhaltens. Trotzdem hat berechtigte Kritik ihr Gutes, denn sie weist uns deutlich auf Lernchancen hin – obwohl die meisten Menschen lieber durch Lob ruiniert als durch Kritik gerettet werden wollen.

Tipp

Wenn Sie kritisiert werden: Nehmen Sie Kritik wie eine Arznei, die erst einmal bitter schmeckt, aber durchaus helfen kann. Verbergen Sie Ihr Missfallen und danken Sie dem Kritiker für seine Hinweise. Vermeiden Sie die Rechtfertigungsfalle und berücksichtigen Sie die Feedbackregeln von Seite 66.

Ein Selbstwert-Dilemma

Kritik ist keine Einbahnstraße. Wir werden kritisiert und wir üben, oft unbewusst, Kritik an anderen. Der Grund und die Art und Weise, wie Kritik geübt wird, offenbart viel über den Kritiker selbst. Ein geflügeltes Wort des Karikaturisten Giovanni Guareschi lautet: »Ein Kritiker ist eine Henne, die gackert, wenn andere legen.« Was überwiegt bei Ihnen, das Gackern oder das Legen? Überlegen Sie einmal, weshalb und wann Sie Kritik äußern. Ist sie wirklich sachlich fundiert oder spielen andere Beweggründe mit? Kritisieren Sie den anderen, weil Ihnen seine Leistung nicht gefällt? Oder weil der andere etwas getan hat, das Sie auch hätten tun können, wenn Sie es denn getan hätten? Oder ist da insgeheim der

Gedanke »Bäume wachsen nicht in den Himmel« beziehungsweise »Dich werde ich schon auf das rechte Maß zurechtstutzen«? Beides bedeutet, dass wir den anderen klein machen, damit wir groß rauskommen. Dieser Mechanismus läuft fast immer unbewusst ab und offenbart das eigene Selbstwert-Dilemma. Und ohne gesunden Selbstwert und entsprechendes Selbstbewusstsein können wir im Business nicht erfolgreich sein.

To do

Folgende Fragen können Ihnen helfen, Ihr Kritikverhalten zu reflektieren:

- ❑ Betrifft die geäußerte Kritik die Sache oder ist sie persönlich? Wer oder was ist gemeint?
- ❑ Gesetzt den Fall, der andere hätte recht, welche Lernchancen ergeben sich daraus für mich?
- ❑ Welchen Nutzen hat diese Kritik für mich – wofür kann ich dankbar sein?

Wilhelm Busch erklärt Selbstkritik so: »Die Selbstkritik hat viel für sich, gesetzt den Fall, ich tadle mich. So hab' ich erstens den Gewinn, dass ich so hübsch bescheiden bin. Zum zweiten denken sich die Leut', die Frau ist lauter Redlichkeit. Auch schnapp ich drittens diesen Bissen vorweg den andern Kritiküssen. Und viertens hoff' ich außerdem auf Widerspruch, der mir genehm.« Mit diesem Augenzwinkern wünsche ich Ihnen einen konstruktiven Umgang mit dem Thema Kritik.

Konstruktiv Feedback geben und nehmen

Feedback geben bedeutet, einem Menschen zu sagen, wie ich ihn sehe, ohne ihn dabei zu verletzen. Feedback ist zielorientiert: Welche Möglichkeit gibt es für die Zukunft, um aus diesen Fehlern zu lernen? Je nach Unternehmenskultur unterscheidet sich die Form, in der Feedback gegeben wird. Fragen Sie nach diesen internen Gepflogenheiten.

Feedbackregeln

Wenn Sie sich an diese Feedbackregeln halten, machen Sie nichts falsch. Grundsätzlich gilt: Feedback sollte nur gegeben werden, wenn es verlangt wird und für den anderen nützlich ist. Um dies zu erreichen, müssen einige Grundsätze beachtet werden:

1. Feedback ist konstruktiv, das heißt, es bietet Perspektiven für die Zukunft. Bewertungen und Interpretationen bleiben außen vor, man beschreibt die Dinge, wie man sie wahrgenommen hat. Meckern, Schimpfen oder gar Beleidigen ist völlig unangebracht.
2. Feedback ist konkret. Durch Verallgemeinerungen und Pauschalaussagen erkennt der Feedbacknehmer nicht, wie das Problem beseitigt werden kann. Außerdem ist es für den Beteiligten am einfachsten, das Feedback nachzuvollziehen, wenn das Ereignis möglichst konkret beschrieben wird.
3. Formuliert wird subjektiv, also in der Ich-Form. Wenn man von seinen eigenen Beobachtungen und Eindrücken spricht und nicht von denen anderer, fällt es dem Beteiligten leichter, das Feedback anzunehmen.
4. Bedenken Sie, wie schwer es ist, Kritik einzustecken. Eine Möglichkeit ist, negatives Feedback zwischen zwei Schichten positiver Wahrnehmung zu betten. So ist es für den Beteiligten leichter, weil Sie nicht nur herumkritisieren, sondern auch die positiven Seiten sehen.

Was offenbart Ihnen Kritik über den Kritiker? Es könnte sein, dass Sie es mit einem Pedanten, Perfektionisten oder einfach Miesepeter zu tun haben. Vielleicht ist dieser Mensch neidisch. Vielleicht liegt der Kritik ein ungelöster Konflikt zugrunde. Haben Sie einen derartigen Verdacht, lesen Sie bitte auf Seite 171 »Konflikte«, weiter.

Business-Spielregel: Verletzen Sie mit Ihrer Kritik niemals die Würde eines anderen Menschen. Berücksichtigen Sie die Grenzen Ihrer eigenen Urteilskraft. Auch Sie sind nicht unfehlbar.

Sichere Bodenhaftung – Selbstwert und Selbstzweifel

Manchmal fühlen wir uns »on Top of the World«, glauben, dass uns die Welt gehöre und nichts und niemand uns etwas anhaben könne. An anderen Tagen haben wir den Eindruck, wir seien eine Versagerin, weil wir mit Kritik und negativem Feedback konfrontiert sind, ein Projekt gegen die Wand gefahren haben, verlassen wurden oder man uns (vermeintlich) Böses will. Wir ducken uns, machen uns klein, trauen uns nichts mehr zu und stellen schlimmstenfalls unsere gesamte Existenz infrage. Dieses Auf und Ab deutet auf ein typisches Selbstwert-Thema hin, das mit solider Arbeit an der eigenen Basis gelöst werden muss, damit das Lebensboot nicht von jedem Wellengang zum Kentern gebracht wird. Dass es immer wieder schaukelt, ist wichtig, damit wir uns hinterfragen und unsere wertvollen Spielräume erweitern.

Selbstwert

Folgende Geschichte zum Thema Selbstwert fand ich ohne Nennung des Verfassers im Internet: Im Rahmen einer Veranstaltung hielt der Sprecher einen 50-Euro-Schein in die Luft. Er fragte: »Wer von Ihnen möchte diesen 50-Euro-Schein haben?« Überall gingen Hände hoch. Er zerknüllte den 50 Euro-Schein und fragte: »Wer möchte diesen nun zerknüllten 50-Euro-Schein haben?« Wieder gingen die Hände in die Luft. Er warf den zerknüllten 50-Euro-Schein auf den Boden und trat darauf herum, bis der Schein zerknittert und voller Schmutz war. Er hob ihn an einer Ecke auf und hielt ihn wieder in die Luft. »Und wer von Ihnen möchte diesen schmutzigen, zerknitterten 50-Euro-Schein immer noch haben?« Erneut waren die Hände in der Luft. »Sehen Sie, Sie haben gerade eine sehr wertvolle Einsicht gewonnen. Was immer ich auch mit dem Geldschein machte, wie schmutzig und zerknittert er auch ist: Es hat nichts an seinem Wert geändert. Es sind immer noch 50 Euro. Wie oft werden wir in unserem Leben selbst fallen gelassen, sind am Boden zerstört, kriechen vielleicht im Schmutz – und fühlen uns wertlos. Aber all das ändert ebenso wenig etwas an unserem Wert, wie das, was ich mit diesem Schein tat, seinen Wert änderte. Der Wert von jedem einzelnen von uns bleibt immer erhalten, egal wie schmutzig, arm oder verloren wir auch immer sein werden.«

Selbstzweifel

Auch wenn wir wissen, dass wir so, wie wir sind, wertvoll und einzigartig sind, werden wir doch im Laufe unseres Berufslebens immer wieder von Selbstzweifeln geplagt. Sie sind nicht angenehm, helfen uns jedoch, die Bodenhaftung zu bewahren, anstatt zur absturzgefährdeten Überfliegerin zu werden. Nutzen Sie Ihre Selbstzweifel, um zu hinterfragen, wo Sie besser werden können und vielleicht auch sollten. Ich möchte Ihnen dazu die Geschichte vom Sprung in der Schüssel erzählen:

z.B.

Es war einmal eine alte chinesische Frau, die zwei große Schüsseln hatte, die von den Enden einer Stange hingen, die sie über ihren Schultern trug. Eine der Schüsseln hatte einen Sprung, während die andere makellos war und stets eine volle Portion Wasser fasste. Am Ende der langen Wanderung vom Fluss zum Haus der alten Frau war die andere Schüssel jedoch immer nur noch halb voll. Zwei Jahre lang geschah dies täglich: Die alte Frau brachte immer nur anderthalb Schüsseln Wasser mit nach Hause. Die makellose Schüssel war natürlich sehr stolz auf ihre Leistung, aber die arme Schüssel mit dem Sprung schämte sich wegen ihres Makels und war betrübt, dass sie nur die Hälfte dessen verrichten konnte, wofür sie gemacht worden war. Nach zwei Jahren, die ihr wie ein endloses Versagen vorkamen, sprach die Schüssel zu der alten Frau: »Ich schäme mich so wegen meines Sprungs, aus dem den ganzen Weg zu deinem Haus immer Wasser läuft.« Die alte Frau lächelte. »Ist dir aufgefallen, dass auf deiner Seite des Weges Blumen blühen, aber auf der Seite der anderen Schüssel nicht? Ich habe auf deiner Seite des Pfades Blumensamen gesät, weil ich mir deines Fehlers bewusst war. Nun gießt du sie jeden Tag, wenn wir nach Hause laufen. Zwei Jahre lang konnte ich diese wunderschönen Blumen pflücken und den Tisch damit schmücken. Wenn du nicht genauso wärst, wie du bist, würde diese Schönheit nicht existieren und unser Haus beehren.«

Nobody is perfect!

Wenn Sie Lust haben, überlegen Sie sich, was diese Geschichte für Sie in Ihrem privaten und/oder in Ihrem beruflichen Umfeld bedeuten könnte, und freuen Sie sich auf neue Erkenntnisse: Ausgehend davon, dass niemand perfekt ist, hat jeder einen Makel, einen Fehler oder – um im Bild der Geschichte zu bleiben – einen Sprung in der Schüssel. Wie nützen Sie Ihren »Sprung in der Schüssel«? Wobei hilft er Ihnen und was haben andere davon? Gibt es wirklich einen Grund, ihn zu beheben – und wenn ja, wäre dies möglich und zu welchem Preis?

Ablehnung und die Kraft der Selbstliebe

Weshalb sind wir gekränkt oder verletzt, wenn wir glauben, abgelehnt zu werden – und retten uns dann in eine oberflächliche Coolness, damit keiner merkt, wie weh uns das tut? Wie kommt es, dass wir einen Anruf verschieben oder eine Frage nicht stellen, weil wir Angst vor Ablehnung haben? Das hat mit einem der elementarsten menschlichen Grundbedürfnisse zu tun, der Liebe. Auf die Begriffe der Geschäftswelt übersetzt bedeutet das Wort Liebe nichts anderes als Wertschätzung Ihrer Person, Anerkennung Ihrer Leistung und als Sahnehäubchen ab und zu ein ehrliches Lob.

Tipp

Anerkennung und Komplimente erleichtern Beziehungen im Geschäftsleben. Ein paar anerkennende Worte, ein ernst gemeintes (!) Kompliment können Ihnen den Weg zu Ihren Zielen ebnen. Achten Sie auf die Dosierung! Ein paar Tipps dazu: Wenn Sie über natürlichen Charme verfügen, genügen ein Lächeln und ein paar nette Worte. Sind Sie ein eher verstandesgesteuerter Mensch, drücken Sie Ihre Wertschätzung im Anerkennen konkreter Dinge aus, zum Beispiel: »Ihre Präsentation heute hat mich sehr beeindruckt, weil ...« Oder: »Ich bin so froh, Sie im Team zu haben, denn ...« Oder: »Vielen Dank für Ihre konstruktive Kritik. Sie hat mir geholfen ... zu erkennen.«

Achten Sie darauf, dass Ihre Komplimente nicht als Anmache verstanden werden können. Männer sind da sehr sensibel und vermuten einen Flirt, wo nur Freundlichkeit gemeint ist, zum Beispiel auch bei häufigem Lächeln einer Frau. Auf der sicheren Seite sind Sie mit dem Ansprechen konkreter Dinge, die sich auf den Beruf beziehen.

In der Lob-feindlichen Kultur Deutschlands ist die Wertschätzung von Mitarbeitern wenig verbreitet. Das erleben wir vor allem, wenn Krisenzeiten ausgerufen werden und Unternehmen stupide und kurzsichtig Mitarbeiter entlassen, um sie später teuer wieder einzukaufen und mühsam zu integrieren. Dabei wäre es so einfach, Menschen – Kunden wie Mitarbeiter – glücklich zu machen und zu motivieren, indem man sie lobt oder ehrlich gemeinte Komplimente ausspricht. Zeiten, in denen weniger los ist, könnte man nutzen, das geballte Wissen im Unternehmen zu erforschen, Prozesse zu verschlanken und über Innovationen nachzudenken. Das kostet weder Image noch Geld, nur ein bisschen Mühe und vorausschauend-unternehmerisches Denken und Handeln.

Spieglein, Spieglein an der Wand ...

To do

Der schnellste Weg, sich selbst zu lieben und anzunehmen, wie man ist, beginnt mit dieser Spiegelübung. Dazu stellen Sie sich mindestens drei Monate lang einmal täglich, am besten abends, vor einen Spiegel. Dieses Vierteljahr brauchen Sie, um mit den vielen Missverständnissen aufzuräumen, die Sie bisher abgehalten haben, sich vorbehaltlos anzunehmen und zu lieben. Und solange Sie sich selbst nicht lieben, wird es auch niemand anders tun. Wenn Sie Lust haben auf die Liebesbeziehung mit der einzigen Person, die Sie nie verlässt, empfehle ich Ihnen Folgendes:

1. Stellen Sie sich vor einen Spiegel.
2. Betrachten Sie die Person im Spiegel aufmerksam. Stellen Sie sich vor, das wäre eine Fremde. Was sehen Sie, was nehmen Sie wahr?
3. Wenn Sie mit der Person im Spiegel innerlich Kontakt aufgenommen haben, blicken Sie ihr in die Augen und sagen dieser Person im Spiegel laut folgenden Satz:
   »*Ihr Name*, ich liebe dich und ich nehme dich an, so wie du bist.«
4. Lassen Sie alle Gedanken und Emotionen zu, drücken Sie nichts weg, weder die Tränen noch die Wut. Es darf alles da sein, angeschaut und erspürt werden.
5. Schreiben Sie sich Ihre kleinen Veränderungen täglich auf, denn sonst bemerkt man die eigene Entwicklung kaum. Notieren Sie sich, wie es Ihnen Tag für Tag mit dieser Übung geht, was sich verändert, besonders war und wofür Sie an diesem Tag dankbar sind.

So entwickeln Sie Tag für Tag eine gesunde Liebe, die Ihr Leben positiv verändert.

Diesem »schweren« Thema die nötige Leichtigkeit zu geben gelingt mit Worten von Wilhelm Busch: »Früher, da ich unerfahren und bescheidner war als heute, hatten meine höchste Achtung andere Leute. Später traf ich auf der Weide außer mir noch mehrere Kälber – und nun schätz' ich, sozusagen, erst mich selber.«

Kurz & bündig

Nur wenn Sie wissen, wer Sie sind, was Sie ausmacht, sich mit Ihren Stärken und Schwächen versöhnt haben, sich erlauben, trotz Kritik und Zweifeln so in Ordnung zu sein, wie Sie sind, können Sie sich gut im Business-Dschungel behaupten.

- ❑ Machen Sie Ihre Hausaufgaben und leisten Sie die Vorbereitungsarbeit, um sich gut ausgerüstet in den Business-Dschungel zu begeben.
- ❑ Wenn alles rund läuft und Sie sich gut fühlen, ruhen Sie sich aus, denn Sie haben keinen Anreiz, zu lernen. Nutzen Sie deshalb die Phasen, in denen Sie weniger gut drauf sind, um sich und Ihr Verhalten zu reflektieren. Aufgrund der gewonnenen Erkenntnisse können Sie sich gezielt weiterentwickeln. Unter Vermeidung der Jammerfalle gewinnen Sie so an Selbsterkenntnis und gesundem Vertrauen zu sich.
- ❑ Seien Sie klar, fair, mutig und weitestgehend so, wie Sie sind. Dadurch werden Sie für andere greifbar, man glaubt Ihnen und kann sich auf Sie beziehen.
- ❑ Sorgen Sie für Win-Win-Situationen. So nennt man es, wenn jeder mit einem guten Gefühl aus der Sache, dem Konflikt oder der Verhandlung kommt.
- ❑ Geben Sie stets direktes Feedback auf Verlangen. Seien Sie großzügig mit ehrlichem Lob und eher sparsam mit Kritik.
- ❑ Zeigen Sie Humor, auch wenn Sie es ernst meinen.
- ❑ Erfolgreich sein bedarf der Übung – im Scheitern liegen viele Chancen, die Sie nutzen können.
- ❑ Es wird Ihnen nicht immer alles gelingen, denn niemand ist perfekt – weder Sie noch andere.
- ❑ Seien Sie sich Ihres Wertes, Ihrer ganz persönlichen Einzigartigkeit bewusst und respektieren Sie im Gegenzug die der anderen.

4 Sicherheitsvorkehrungen treffen

Der Weg durch die Wüste ist kein Umweg. Wer nicht das Leere erlitt, bändigt auch nicht die Fülle; wer nie die Straße verlor, würdigt den Wegweiser nicht.
Friedrich Schwanecke

Wenn Sie sich auf unbekanntes Terrain begeben, wo Sie auf Gefahren treffen könnten, sollten Sie auf einige Sicherheitsmaßnahmen achten. Hilfreich ist ein Navigationsgerät, das Ihnen den Weg weist, auf dem Sie sicher zum Ziel kommen. Ein Messinstrument für Ihre Erfolgsdefinition zeigt den Stand auf einer Skala an. Wie im Sport auch brauchen Sie eine gute Kondition und müssen Ihre Belastungsgrenze kennen. Wenn Sie auf eine gesunde Life-Work-Balance und Phasen der Entspannung achten, ersparen Sie sich Stress und Burnout. Die gefährlichen Fallen unerfüllter Bedürfnisse und Erwartungen sollten Sie kennen und umgehen können. Unverzichtbar sind Energiespender wie Träume, Wünsche und Ziele. Ihr Wille ist ein Leuchtturm, der Ihren Weg erhellt, und die Intuition warnt Sie vor Gefahren. Charme und Charisma helfen Ihnen aus prekären Situationen.

Das Navigationsgerät: Ihr Lebens- und Business-Plan

Verlaufen Ihr Leben und Ihre berufliche Karriere einfach irgendwie oder nach einem bestimmten Plan, den Sie sich vorgenommen haben? Sind Sie zufrieden mit Ihrem Leben? Wunderbar. Stellen Sie jedoch gern die Weichen selbst, ist es eine gute Idee, sich mit der eigenen Lebensplanung zu beschäftigen und für die Karriere einen Business-Plan zu entwerfen.

Formulieren Sie Ihren persönlichen Lebensentwurf

Dabei ist Ihre persönliche Bewertung entscheidend. Was ist für Sie wichtig und passend? Arbeiten Sie, um zu leben, oder leben Sie, um zu arbeiten? Beides hat etwas für sich. Diejenigen, die arbeiten, um zu leben, geben der Arbeit eine andere Gewichtung in ihrem Leben als die Workaholics, für die ein Leben ohne Arbeit kein Leben ist. Bei weiblichen Workaholics kann sich ihre Haltung schnell ändern, wenn eine Liebesbeziehung in ihr Leben tritt. Wenn Sie als berufstätige Frau Kinder bekommen und sich bewusst für das Mutterdasein entscheiden, ist die Kindererziehung eine verantwortungsvolle Arbeit, die weiter in die Zukunft hineinreicht, als manche Managerinnenkarriere es vermag. Wollen Sie Karriere und Kinder kombinieren, ist das Ihr gutes Recht. Viele Doppelkarrierepaare mit Kindern sind Multiplikatoren für eine familienfreundliche Unternehmenskultur, die trotz aller Kinderunterbringungs-Initiativen seitens der Politik zunehmend wichtiger wird.

To do

Keine Entscheidung, die Sie heute treffen, müssen Sie ein ganzes Leben lang aufrechterhalten. Auch wenn wir materiellen Zwängen gehorchen müssen, empfehle ich jeder Frau, sich über ihren eigenen Lebensentwurf immer wieder klar zu werden, denn er wird sich von Lebensphase zu Lebensphase unterscheiden. Einer jungen Frau ist vielleicht zuerst die Karriere wichtig, später verschiebt sich die Balance zugunsten der eigenen Familie und Kinder. Sind die Kinder aus dem Haus, rückt der Beruf wieder mehr in den Fokus. Später ist es dann das sinnstiftende Ehrenamt – oder, oder, oder. In jedem Lebensabschnitt werden Sie eigene Prioritäten setzen und Ihre Erfolgsdefinition (neu) finden.

Der Gradmesser: Ihre Erfolgsdefinition

Erfolg ist wichtig. Erfolg macht sexy. Erfolg macht glücklich. Und Erfolg hängt nicht von besonders hoher Intelligenz ab, wie der amerikanische Psychologe Lewis Terman in einem Experiment mit 1500 hochbegabten Kindern herausfand. Die passenden Umstände, die Möglichkeit, mehr Erfahrung zu sammeln als andere, kontinuierliches Üben und Lernen sind erwiesene Erfolgsfaktoren. Erfolgreich sind Menschen, die ungewöhnliche Chancen bekommen oder sich selbst verschaffen. Diese Chancen erkennen und nutzen sie, weil sie fest daran glauben, dass ihre Anstrengungen von Erfolg gekrönt sind, so fasst es Malcolm Gladwell, Wirtschaftsjournalist beim NewYorker, in seinem Buch *Überflieger* zusammen.

Erfolg hat viele Gesichter

Für die eine ist Erfolg die gelungene Präsentation, für die andere der errungene Chefsessel, für die Nächste die Tatsache, dass sie es pünktlich ins Büro geschafft hat. Für die eine gilt nur hundertprozentige Perfektion, die andere ist froh, wenn sie die Anzahl ihrer Fehler reduziert, und die Nächste fühlt sich erfolgreich, wenn sie die Verliererecke verlässt. Die Erfolgsdefinition orientiert sich an der eigenen Messlatte ebenso wie an der Erwartung der anderen. Erfolg hat so viele Gesichter, wie es persönliche Ansichten, Situationen, Ziele, Werte, Wünsche und Lebensphasen gibt. Das »Schneller-höher-weiter« jugendlicher Dynamik wird mit fortschreitendem Lebensalter durch mehr Gelassenheit und Weitsicht ersetzt, was die Erfolgsdefinition entsprechend verändert.

To do

Wie definieren Sie in Ihrer persönlichen Lebens- und Berufssituation Erfolg? Vor allem: Woran werden Sie ihn erkennen und wissen, dass Sie Erfolg haben? Folgende fünf Fragen sollen Ihnen weiterhelfen. Am besten schreiben Sie Ihre Gedanken auf, damit kein Erfolg verloren geht.

- ❑ Worin waren Sie bereits erfolgreich? Welches waren Ihre wichtigsten Erfolge?

- ❑ Wie hat sich das angefühlt? Seien Sie so konkret wie möglich.
- ❑ Was müsste jetzt anders sein, damit Sie sich wieder so erfolgreich fühlen?
- ❑ Wie können Sie Ihre Erfolgsbilanz erhöhen? Was wollen Sie dafür tun?
- ❑ Woran würden Sie erkennen, dass Sie im Business/Job/Karriere und/oder persönlich erfolgreich sind?

Diese Aufgabe sollten Sie regelmäßig wiederholen, denn so wie Sie sich weiterentwickeln, wird sich auch Ihre Erfolgsdefinition verändern.

Kondition und Life-Work-Balance

Es ist ein weitverbreiteter Irrtum in unserer Leistungsgesellschaft, dass das Leben erst aus Arbeit und dann aus Leben besteht. Zugegeben, im Business kommen Sie mit angezogener Handbremse langsamer voran, dafür erleben Sie mehr auf Ihrem Weg. Sind Sie mit Elan bei der Sache und nehmen Sie das Ganze spielerisch, kommen Sie viel erfüllter dort an, wo Sie hinwollen. Ersparen Sie sich Burnout, Depressionen und psychische Probleme, indem Sie frühzeitig entschleunigen und sich konsequent an Ihr eigenes Tempo halten.

Take it easy – but take it! Nehmen Sie's leicht – aber nehmen Sie es!

Was wir aus unseren Möglichkeiten, Bedürfnissen und Vorlieben machen, erkennen wir daran, wie hoch unser Energielevel ist. Die Höhe zeigt die Fähigkeit, die Stärke und den Mut an, mit dem wir unser Leben selbstverantwortlich gestalten. Streben wir ein erfülltes Leben an, haben wir ungleich mehr Energie zur Verfügung, als wenn wir jammern: »Ich würde ja gern, aber …« Denken Sie einmal nach, wo und wann Sie sich voller Spannkraft fühlen, was Ihren Energiepegel steigen lässt, Ihnen guttut, Energie bringt – und wofür Sie Ihre Energie investieren wollen.

Dynamisch in Balance bleiben

Viele Menschen unterliegen dem Irrtum, dass Life-Work-Balance etwas Statisches sei, das man vor allem mit stringenter Zeit- und Aufgabenplanung erreicht. Vergessen Sie's! Eine Balance zwischen Business, Privatem und Persönlichem erreichen Sie nur durch ständiges Ausbalancieren und Entscheiden, was in dieser einen momentanen Situation gerade wirklich wichtig ist. Folgende Fragen helfen Ihnen, Ihre Balance zu finden:

- ❑ Geht es für Sie im Moment darum, den fünften Abend in Folge auf einem Business-Dinner Präsenz zu zeigen – oder ist eher der Kuschelabend zu zweit vor dem Kamin angesagt?
- ❑ Ist es gerade wichtiger, für Ihr(e) Kind(er) da zu sein, oder muss die Karriere an erster Stelle stehen?
- ❑ Bleibt Ihnen Zeit für sich selbst oder das Ehrenamt, das Ihnen ein Gefühl der Sinnhaftigkeit in Ihrem Leben vermittelt?
- ❑ Wie bringen Sie Freunde und Job unter einen Hut, ohne im Job an verpasste Freundestreffen zu denken – und an den Job, wenn Sie mit Ihren Freunden zusammen sind?
- ❑ Weshalb sollte Ihre Sekretärin für Sie lügen, wenn Sie sich einen Tag frei nehmen oder krank sind, indem sie behauptet, Sie seien in einer Ganztages-Besprechung oder in einem Workshop? Diese Ausrede wird von Männern übrigens häufig benutzt.
- ❑ Wie können Sie sich Freiräume schaffen, ohne ein schlechtes Gewissen zu haben?

Business-Spielregel: Life-Work-Balance ist nie statisch, sondern immer dynamisch und immer unsere eigene Entscheidung! Manchmal macht es eben Spaß und ist wichtig, 70 Wochenstunden in ein spannendes Projekt zu investieren. Manchmal wollen wir einfach nur Mutter oder Frau sein. Manche Tage genießen wir es, faul am Strand zu liegen, den Wellen zu lauschen und den Wind zu spüren. Manchmal brauchen wir Action pur. Achten Sie darauf, was Ihnen guttut, entschleunigen Sie zwischendurch und machen Sie auch einmal Pause.

„Gut für mich sorgen"
Achten

Gesunder Wechsel zwischen Anspannung und Entspannung

Stress kann krank machen. Er hat auch sein Gutes, denn er hilft uns, klare Entscheidungen zu treffen, über uns hinauszuwachsen und zu erkennen, wo wir etwas ändern müssen. Er versetzt uns in die Lage, Höchstleistungen zu erbringen, und wenn wir lernen, ihn zu steuern, ist er einer der wichtigsten Motivatoren, die es gibt. Stress ist aus unserer Welt nicht wegzudenken. Den Erhalt beruflicher Spannkraft kann man sich vorstellen wie das Bogenschießen. Ist die Sehne überwiegend angespannt, leiert sie eines Tages aus. Bleibt der Bogen inaktiv, braucht es viel Kraft, die Sehne zu spannen, damit der Pfeil ins Schwarze trifft. Dazu ist ein ständiger Wechsel zwischen Anspannung und Entspannung nötig.

Tipp

Zehn Tipps zum konstruktiven Umgang mit Stress:

1. Ausatmen – mehrfach und tief. Zählen Sie dabei langsam »ein-und-zwanzig – zwei-und-zwanzig«. In Stresssituationen wird unser Atem flach und hektisch. Tiefes Ausatmen beruhigt den Kreislauf und senkt den Puls.
2. Schließen Sie die Augen und spüren Sie in sich hinein. Wo spüren Sie den Stress? Was zeigt er auf? Wo sollten Sie bewusster handeln?
3. Positive Selbstgespräche wie »Ich schaff das« nehmen negative Energie. Ist Ihnen unklar, wie es gehen kann, vertrauen Sie darauf, dass es Ihnen schon einfallen wird. So öffnen Sie Positivem die Tür.
4. Der Realitäts-Check: Was ist jetzt gerade wirklich wichtig? Das hilft Ihnen, zu fokussieren und gelassener zu sein.
5. Versuchen Sie, das Positive der Situation herauszufinden.
6. Treiben Sie regelmäßig Sport, denn Stress nur wird über Bewegung abgebaut.
7. Sorgen Sie für ein erfülltes Privatleben neben dem Beruf.

8. Achten Sie auf ausreichend Schlaf und gesunde Ernährung.
9. Streichen Sie Nebensächliches und Belastendes.
10. Verabschieden Sie sich von permanenter Erreichbarkeit und Perfektionismus.

Die Illusion ständiger Erreichbarkeit, die durch Internet und Handy verstärkt wird, sollten wir begraben. Niemand ist global, wir wachen und schlafen im Rhythmus unserer Zeitzone am besten.

Dolce far niente – süßes Nichtstun!

Ich ermutige Sie hiermit ausdrücklich, Ihr Handy am Wochenende auszuschalten, ihrem Blackberry Pause zu gönnen und sich aus dem Internet zu befreien. Üben Sie sich in der süßen – und für Workaholics überaus anstrengenden – Methode des Nichtstuns! Gucken Sie Löcher in die Luft, meditieren Sie über die Wolken, die sich am Himmel formen und auflösen, hören Sie dem Wasser zu oder tun Sie, was immer Ihnen guttut. Sie werden erleben, dass Ihre Batterien bald wieder aufgeladen sind.

Life-Work-Balance leicht gemacht

Jedem Tag können Sie einen guten Abschluss geben, Bilanz ziehen, indem Sie die Geschehnisse des Tages am Abend Revue passieren lassen. Das lässt Sie Unangenehmes aus der Distanz betrachten, neu bewerten und meist für sich abhaken. Das Gute können Sie dankbar zur Kenntnis nehmen. Sie erkennen, was alles funktioniert hat, wenn Sie Tagebuch führen, eine Erfolgsbilanz erstellen oder viele kleine Erlebnisnotizen in eine große Erfahrungsschatzkiste werfen.

Business-Spielregeln:

- ❑ Seien Sie achtsam, womit Sie Ihre Lebenszeit verbringen. Sie haben nur dieses eine Leben, und wie lange es dauert, wissen wir alle nicht. Nehmen Sie Ihr Bedürfnis nach Auszeit wahr und folgen sie ihm. Es muss nicht der vierwöchige Karibikurlaub sein – oftmals genügt auch schon der Besuch bei der Kosmetikerin oder im Dampfbad.

- ❑ Lernen Sie, konstruktiv Nein zu sagen, wenn Mitarbeiter, Kollegen oder Freunde mit Zusatz-Jobs und Wünschen an Sie herantreten.
- ❑ Haben Sie Mut zur Lücke – nicht alles muss immer und überall perfekt sein. Außer diesem Punkt: Sorgen Sie dafür, dass Sie in exzellenter mentaler, physischer und psychischer Verfassung sind.
- ❑ Stellen Sie sich an die erste Stelle. Sie sind der wichtigste Mensch in Ihrem Leben und für Ihr Wohlergehen, Ihre Gesundheit und Ihren beruflichen Erfolg selbst verantwortlich. Das kann Ihnen niemand abnehmen!

Gefährliche Fallen: Bedürfnisse und Erwartungen

Jeder Mensch hat Bedürfnisse. Luft zum Atmen, Flüssigkeit zum Trinken, ausreichend Schlaf, eine Wohnung, Zuneigung und Arbeit. Wenn wir das nicht haben, geht es uns schlecht. Wir bekommen Probleme, wenn unsere Grund- und Sicherheitsbedürfnisse unerfüllt bleiben. Im Business gibt es häufig ein ungestilltes Bedürfnis nach Anerkennung und Wertschätzung. »Ich will in den Förderkreis aufgenommen werden« oder »Ich möchte, dass endlich anerkannt wird, was ich im Team geleistet habe« sind einige wichtige Ich-Bedürfnisse, die neben den sozialen Bedürfnissen wie Dazugehörigkeit oder Selbstverwirklichung genannt werden.

To do Um Ihre Bedürfnisse erfüllt zu bekommen, müssen Sie sich erstens eingestehen, dass Sie welche haben, und zweitens herausfinden und klären, welche das sind. Die folgende Aufstellung orientiert sich an der von Abraham

Maslow entwickelten Bedürfnispyramide, die sich über fünf Stufen von den Grundbedürfnissen bis hin zur Selbsterfüllung erstreckt. Maslow unterscheidet zwischen Grundbedürfnissen, Schutzbedürfnissen, sozialen und Geltungsbedürfnissen bis hin zur ultimativen Selbsterfüllung. Unterstreichen Sie auf der Liste bitte, was Sie noch nicht haben und haben möchten. Was Sie schon haben oder gar nicht haben wollen, streichen Sie durch.

Identifizieren Sie Ihre Bedürfnisse

- ❑ Nahrung, Wohnung, Kleidung, Sexualität
- ❑ materielle und/oder berufliche Sicherheit, zum Beispiel Schutz vor Kündigung, Lohnminderung; Existenzsicherung, auch wenn es einmal übel wird
- ❑ informiert werden, eingebunden sein, dazugehören
- ❑ gelobt werden, geehrt werden, verstanden werden
- ❑ Klarheit, Sicherheit, Garantien, Verpflichtungen positiv erleben
- ❑ das Rechte tun, mich beweisen, andere zufriedenstellen
- ❑ Ordnung, Perfektion, Symmetrie, Frieden, Ruhe, Stille
- ❑ Macht, Autorität, Einfluss, Sicherheit
- ❑ Arbeit, Karriere, Verantwortung
- ❑ Individualität, Güte, Gerechtigkeit, Selbstlosigkeit
- ❑ spirituelle, berufliche und/oder persönliche Verwirklichung

Haben Sie Ihre Bedürfnisse identifiziert, geht es »nur« noch darum, sie erfüllt zu bekommen. Was müssen Sie dafür tun? Wie stillen Sie Ihr Bedürfnis nach Liebe und Anerkennung, wenn es im persönlichen Bereich aufgrund fehlender Beziehungen zu kurz kommt, als Mangel in Ihren beruflichen Bereich überschwappt und diesen belastet? So könnten zum Beispiel Freunde reihum bei Ihnen anrufen und Ihnen jeden Tag sagen, wie sehr man

Sie mag und schätzt. Sobald Sie das wirklich glauben und das Gesagte als wahr empfinden, endet Ihr Mangel und Ihr Bedürfnis hört auf zu existieren. Probieren Sie es am besten gleich aus. Viel Freude dabei!

In Teufels Küche – unausgesprochene Erwartungen

Was uns immer wieder in Teufels Küche bringt, sind unsere Erwartungen. Nanu, Sie haben keine? Wie war das damals, als Sie ins Theater mitgenommen werden wollten, was aber keiner wusste? Oder als Sie erwartet haben, die Abteilungsleitung zu übernehmen, ohne sich dafür gut sichtbar in der Kompetenzriege positioniert zu haben? Mit unausgesprochenen Erwartungen geben wir die Macht über unser Wohlbefinden an denjenigen ab, der uns diese Erwartungen erfüllen soll, ohne zu wissen, dass wir sie haben. So etwas geht gar nicht!
Wir erwarten ständig etwas – von uns, von anderen, immer und überall. Nur sagen wir es viel zu selten. Bisher ist leider kein Mensch mit Leuchtschrift auf der Stirn gesehen worden, auf der abzulesen ist, welche Wünsche, Bedürfnisse oder Erwartungen im Moment gestillt werden sollten. Deshalb müssen (!) wir kommunizieren. Und zwar laut, klar und deutlich. Vor allem jedoch so, dass der andere genau das versteht, was wir sagen beziehungsweise was wir von ihm erwarten. Achten Sie darauf, mit wem Sie es zu tun haben und welche Sprache beziehungsweise Kommunikationsform Ihr Gegenüber versteht, zum Beispiel männlich/weiblich, interkulturelle Unterschiede, Wahrnehmungsformen etc.

To do

Bevor Sie Ihre Erwartungen artikulieren, empfehle ich einen Realitäts-Check, ob sie im Bereich des Möglichen liegen. Es macht wenig Sinn, Erwartungen zu haben und Ansprüche zu stellen, die unerfüllt bleiben müssen.
Welche Erwartungen haben Sie an sich selbst? Erwarten Sie von sich, immer perfekt, jung, attraktiv, tüchtig, erfolgreich, allen anderen einen Schritt voraus zu sein? Notieren Sie sich, welche Messlatte Sie bei sich (und viel-

leicht bei anderen) anlegen und wie Sie dieses Maß erfüllen können. Überprüfen Sie, ob Sie zu den Menschen gehören, die mit zweierlei Maß messen und mehr von sich erwarten als von anderen. Wenn ja, ist es an der Zeit, eine gesunde Balance herzustellen, bevor die Frustration Sie vollkommen im Griff hat.

Sagen Sie doch, was Sie wollen!

Es ist überaus wichtig, dass wir lernen, dem anderen mitzuteilen, was wir von ihm bis wann erwarten. Nur dann weiß unser Gegenüber Bescheid und kann sich dazu äußern. Nur dann gehen wir von den gleichen Dingen aus. Versäumen wir es, diese gemeinsame Basis herzustellen, sind Probleme und Konflikte programmiert. Sie kennen bestimmt das berühmte »Oh, und ich dachte immer, Sie wollten …«. Mehr finden Sie auf Seite 117, »Zielgenaue Kommunikation«.

z.B.

Ein Beispiel zu Erwartungen und Nicht-Kommunikation aus meinem Leben. Mein Schwiegervater war Koch und führte zusammen mit seiner Frau ein Tagesrestaurant in London. Zu Hause gab es jeden Samstagabend ein wunderbar zartes Steak. Irgendwann unterhielten wir uns über kulinarische Vorlieben und worauf wir gern verzichten können. Meine Schwiegermutter meinte, sie brauche wahrlich kein Steak, um glücklich zu sein. Mein Schwiegervater war sprachlos. Als er sich gefasst hatte, erklärte er zu unser aller Überraschung, dass er selbst Steaks überhaupt nicht mag, allerdings die letzten 40 Jahre davon ausging, dass sie Mum's Lieblingsgericht seien, und er ihr mit dem samstäglichen Steakessen eine Freude habe machen wollen. Wie gut, dass wir darüber gesprochen haben, denn sonst säßen die beiden heute noch jede Woche vor einem Essen, das keiner wirklich mag.

Liebe Leserinnen, sprechen Sie mit Ihrem Gegenüber! Sagen Sie, was Sie wollen, und sagen Sie es laut und deutlich. Nur so haben Sie eine Chance, das zu bekommen, was Sie wollen und was Sie erwarten, und können davon ausgehen, dass der andere es weiß.

Energiespender auf dem Weg: Träume, Wünsche und Ziele

Wenn ich Sie heute fragen würde, ob Sie Ihre Träume verwirklicht haben, was würden Sie mir erzählen? Dass man das überhaupt nicht erwarten kann? Dass Träume Schäume sind und wenig mit der Realität zu tun haben? Dass Träume etwas für Kinoschnulzen und Seifenopern sind? Dass Sie viel zu klar denken, um an Träume zu glauben, und Sie sich mit diesen Dingen wirklich nicht auseinandersetzen wollen? Humbug! Wir alle träumen – egal wie alt wir sind und wie vernünftig. Doch zu jedem Traum haben wir sofort gute Begründungen, weshalb das alles unmöglich sei und dass wir auf dem Boden der Tatsachen bleiben müssen. Trotzdem träumen viele von uns vom Märchenprinzen in Blue Jeans auf einem weißen Schimmel, der uns alle Sorgen und Nöte abnimmt. Auf den Märchenprinzen können wir lange warten und wahrscheinlich würde uns dieses umhegte Leben gar nicht gefallen. Wie wäre es, wenn wir uns selbst auf den Schimmel schwingen und unsere Erwartungen, Träume, Wünsche und Ziele verwirklichen? Dazu sollten wir sie erst einmal kennenlernen.

Wagen Sie zu träumen!

Lassen Sie Ihre Träume einfach einmal da sein. Drehen Sie sie hin und her, betrachten Sie sie lange von allen Seiten, wie seltene Kostbarkeiten. Träume sind einzigartig, so wie der kleine Prinz von Antoine de St.-Exupéry sagt, als er die Erde verlässt: »Alle Menschen haben Sterne, doch es sind nicht die gleichen. Für die einen, die reisen, sind die Sterne Führer. Für andere sind sie nichts als kleine Lichter. Für die Gelehrten sind sie eine Herausforderung. Du aber wirst Sterne haben, wie sie niemand hat.« Mein Rat: Folgen Sie Ihrem Stern! Träume offenbaren unsere innersten

Sehnsüchte. In dem Moment, in dem wir sie ernst nehmen, sie vielleicht sogar aussprechen, entfalten sie ihren ganz eigenen Zauber, manifestieren sich und werden sozusagen greifbar.

To do

Einige Fragen, die Sie Ihren Träumen näher bringen, und eine Anregung, um sie wahr werden zu lassen. Notieren Sie Ihre Antworten dazu. Ich empfehle Ihnen, sich in Ihrem Arbeitsheft einige hübsche Seiten für Ihre Träume anzulegen, sodass es Ihnen Spaß macht, sie aufzuschreiben.

1. Wenn alles möglich wäre, was sollte anders sein?
2. Wenn mir eine Fee begegnen würde, was würde ich mir wünschen?
3. Wenn ich Königin wäre und alles befehlen könnte, was würde es sein?
4. Wenn ich die Schöpferin der Welt wäre, was würde ich erschaffen?
5. Wie würde diese Welt aussehen, was würde anders sein?

Wenn Sie mit dem Aufschreiben fertig sind, klopfen Sie jeden Ihrer Träume wohlwollend (!) auf Realisierungsmöglichkeiten ab. Sollte einer Ihrer Träume den Realitäts-Check bestehen, wäre es an der Zeit, sich zu überlegen, wie es denn wäre, wenn dieser Traum Wirklichkeit geworden ist. Dazu stellen Sie sich die künftige Situation ganz konkret vor. Fühlen Sie sich dann wohl? Haben sich alle Mühen und Opfer, die Sie gebracht haben, gelohnt? Wenn ja, ist aus diesem Traum ein konkreter Wunsch geworden.

Wunscherfüllung leicht gemacht

Wünsche sind realere Träume. Sie lassen sich mit etwas Mühe durchaus erfüllen, vorausgesetzt, man handelt entsprechend. Welche Wünsche begleiten Sie ein Leben lang? Welche davon werden Sie sich erfüllen?

z.B. Vor einigen Jahren erzählte mir eine Personalfrau, ihr größter Traum sei es, in Neuseeland Wein anzubauen. Dazu mache sie Fortbildungen und verbringe die Jahresurlaube mit ihrer Familie auf einem Weingut in Neuseeland. Als ihr Job bei der nächsten Reorganisationsrunde wackelte, entschied sie sich, die Firma zu verlassen. Sie wanderte mit ihrer Familie aus und führt nun das Weingut, auf dem sie früher ihre Urlaube verbrachte, weil sich die früheren Eigentümer zur Ruhe setzten.

Nicht jeder Wunsch erfüllt sich so harmonisch. Meist stehen wir der Wunscherfüllung selbst im Weg, weil wir nicht an unsere Wünsche glauben; weil es uns vielleicht leichter fällt, für andere da zu sein, anstatt für uns selbst einzustehen; weil wir uns den eigenen Fortschritt eigentlich nicht zugestehen, uns selbst nicht ernst genug nehmen; weil uns die derzeitige Mittelmäßigkeit unseres Lebens sicherer erscheint als das risikobehaftete »große Unbekannte«; weil wir in der plüschigen Bequemlichkeitsfalle sitzen und keine Verantwortung – am wenigsten für uns selbst – übernehmen wollen. Sie haben sicherlich auch gute Gründe, um auf die Verwirklichung Ihrer Wünsche zu verzichten. Sie können gern so weitermachen, doch bitte jammern Sie nicht, wenn der Frust überhand nimmt, weil Sie Ihre Lebenszeit vergeuden. Versprochen?
Für diejenigen, die sich beherzt auf die Suche nach dem »Baum der Wunscherfüllung« machen: Lassen Sie sich nicht irre machen! So wie der eine Frosch in folgender Geschichte.

z.B. Es war einmal eine Gruppe von Fröschen, die einen Wettlauf machen wollten. Ihr Ziel war, die Spitze eines hohen Turmes zu erreichen. Viele Zuschauer hatten sich bereits versammelt, um diesen Wettlauf zu sehen und sie anzufeuern. Das Rennen konnte beginnen! Ehrlich gesagt glaubte von den Zuschauern niemand so recht daran, dass die Frösche es schaffen würden.

Man hörte laute Bemerkungen wie: »Ach, wie anstrengend!« Und: »Die werden sicher NIE ankommen!« Oder: »Das können sie gar nicht schaffen, der Turm ist viel zu hoch.« Die Frösche hörten das und begannen zu resignieren – außer einem, der kraftvoll weiterkletterte. Die Leute riefen weiter: »Das ist viel zu anstrengend!« Immer mehr Frösche verließ die Kraft und sie gaben auf. Am Ende hatten alle aufgehört, weiterzuklettern – bis auf einen: Dieser eine Frosch kletterte immer weiter und weiter, bis er die Turmspitze erreicht hatte. Als der Gipfelfrosch wieder herunterkam, wollten alle von ihm wissen, wie er es geschafft hatte, diese enorme Leistung zu bringen. Es stellte sich heraus: Der Gewinner war taub!

Schlussfolgerungen aus diesem Beispiel:

- ❑ Glauben Sie an sich, was Sie können und was Sie leisten!
- ❑ Lassen Sie sich Ihre schönsten Wünsche und Hoffnungen nicht stehlen. Bleiben Sie erwartungsfroh und malen Sie sich immer wieder aus, wie Sie sich fühlen werden, wenn sich ein Wunsch erfüllt hat.
- ❑ Folgen Sie Ihrer Begeisterung. Dem, was Sie erfreut und der Sache dienlich ist. Halten Sie trotzdem die Augen offen für mögliche Gefahren und treffen Sie geeignete Maßnahmen. Bereiten Sie sich gut vor und legen Sie Reserven an.
- ❑ Bleiben Sie positiv und seien Sie taub, wenn jemand Ihnen erzählt, dass Sie Ihre Träume, Wünsche und konkreten Ziele nicht realisieren können!

To do

Ziele zu erreichen erfordert eine gute Portion Durchhaltevermögen und ein gewisses Maß an Frustrationstoleranz. Am besten schreiben Sie Ihre Ziele auf. Machen Sie eine Collage oder malen Sie ein Bild Ihres Ziels. Doch vor allem: Tragen Sie ihre Ziele mit sich herum, in Ihrem Kopf, in Ihrem Herzen. Um es mit Goethe zu sagen: »Wenn der Geist auf ein Ziel gerichtet ist, kommt ihm vieles entgegen.« Verfolgen Sie Ziele locker, nehmen Sie ruhig auch einmal einen Umweg in Kauf – Sie erhöhen damit Ihre Ortskenntnis. Verbissenheit bringt Scheuklappen und Zwang statt schöner Erfolge!

Yes, we can!

Wagen Sie es – stehen Sie zu Ihren Träumen, bekennen Sie Ihre Wünsche und erreichen Sie Ihre Ziele! Elegant, sicher und ohne sich zu verbiegen. Suchen Sie sich Begleitung, Pfadfinder, Mutmacher und Unterstützer, behalten Sie Ihren Willen und nutzen Sie den Wahlslogan von US-Präsident Obama: Yes, we can! Denn wir bereuen meist nur das, was wir nicht getan haben, stimmt's?

Der Leuchtturm: Ihr Wille

Der Wille ist ein Leuchtturm für Ihren Weg zum Ziel und für die Verwirklichung Ihrer Strategien. Ihr Wille beleuchtet Ihren Weg. Ist Ihr Wille auf Erfolg programmiert, ist es wahrscheinlich, dass Sie bald Erfolg haben. Wenn Sie Ihren Willen auf das Gelingen, das Positive, fokussieren, nehmen Sie verstärkt das Hilfreiche und Nützliche wahr. Gefahren erfassen Sie mit den Augenwinkeln, sie bringen Sie jedoch nicht von Ihrem Kurs ab. Sind Sie hingegen ins »Ja, aber ....« verliebt, sind Sie höchstens mit gebremstem Schaum unterwegs und der Weg wird Ihren Schritten kaum entgegenkommen.

Business-Spielregel: Die Lust, die Begeisterung sitzen im Bauch. Ihre Mutter ist das Gefühl. Der Wille sitzt im Kopf. Sein Vater ist der Verstand. So wie der Leuchtturm sich bei Sonnenuntergang ein- und bei Sonnenaufgang wieder ausschaltet, sollten Sie es handhaben, denn die Kunst liegt darin, Wille und Gefühl, also Kopf und Bauch, gleichermaßen zu nutzen. Wer beides kraftvoll zu verbinden versteht, wird nicht nur erfolgreich, sondern auch glücklich sein.

Gefahrenwarner Intuition

Die ständige Informationsüberflutung erfordert eine schnelle Unterscheidung von wahr und unwahr, von richtig und falsch. Nutzen Sie neben Ihrem messerscharfen Verstand auch Ihre Intuition. Frauen wird nachgesagt, dass sie über diesen sechsten Sinn verfügen, der Männern weniger leicht zugänglich sei. Zwischenzeitlich haben Forschungen ergeben, dass sich im Solarplexus beider Geschlechter gehirnähnliche Zellen befinden, die direkt mit dem Kopfgehirn kommunizieren. Herbert Simon, Psychologe und Nobelpreisträger für Wirtschaftswissenschaften, fand heraus, dass Schachmeister nur fünf Sekunden brauchen, um sich die Stellung der Figuren in einem fortgeschrittenen Spiel einzuprägen und die Partie »blind« fortzuführen. Diese Fähigkeit basiert auf Tausenden gespielter und analysierter Partien sowie dem schnellen (Wieder-) Erkennen von Spielzügen.

Intuition funktioniert blitzschnell

Durch Intuition erfasst man eine Sache sofort und ganz – nicht erst durch langes Überlegen, Abwägen und Kombinieren. Gewiss kennen Sie Situationen, wo eine spontane Eingebung oder Idee Sie zu geistigen Höhenflügen inspiriert hat? Als Sie Neuland betraten, ohne sich vorher hundertmal abzusichern, weil es sich sicher anfühlte? Dass Sie ein Problem wälzten, und als Sie glaubten, niemals eine Lösung dafür zu finden, Ihnen just dann die ersehnte Lösung einfiel?

To do Keine Angst, wenn Ihre innere Stimme so leise ist, dass Sie sie oft überhören. Intuition ist wie ein Muskel, der trainiert werden kann. Beginnen Sie einfach mit Ihren fünf Sinnen: Was sehe ich? Was höre ich? Was fühle/taste ich? Was rieche ich? Was schmecke ich? Üben Sie in unterschiedlichen Umgebungen – privat oder im Büro, allein oder mit Menschen, zu verschiedenen Tageszeiten, im Hellen und im Dunkeln. Atmen Sie tief und ruhig, hören und spüren Sie in sich hinein, damit der zarte Intuitionsmuskel wachsen kann. Am besten geht dies in einem entspannten Zustand, wo das Unbewusste leichter den Zugang zum Bewusstsein findet.

Bereits in den 1960er-Jahren hat man das intuitive Entscheidungsverhalten von Managern getestet. Bei der Langzeitauswertung stellte man fest, dass diejenigen Manager, die nach fünf Jahren den Unternehmensgewinn verdoppelt hatten, überdurchschnittlich hohe Intuitionswerte aufwiesen.
In unserer schnelllebigen Zeit wird es zunehmend wichtiger, Situationen intuitiv blitzschnell einschätzen zu können. Einige Situationen, in denen Sie Ihre intuitiven Fähigkeiten besonders gut nutzen können:

Nutzen Sie Ihre Intuition

- Wenn Sie zum Beispiel am Telefon oder in einer bestimmten Situation unsicher sind. (Was spüre/fühle ich?)
- Wenn Sie unter verschiedenen möglichen Lösungen die beste auswählen müssen. (Wofür entscheide ich mich?)
- Wenn Sie über keine relevanten Erfahrungen zu einem Thema verfügen. (Wie verhalte ich mich in diesem Vorstellungsgespräch mit lauter Unbekannten?)
- Wenn Sie schnell entscheiden müssen (in Krisensituationen, wo zum Nachdenken keine Zeit bleibt).

Falls Sie Zeit haben, nutzen Sie vor Entscheidungen die Methode des »Einmal-darüber-Schlafens«. Vergegenwärtigen Sie sich die

Problematik oder die Frage noch einmal besonders intensiv direkt vor dem Zubettgehen. Dadurch öffnen Sie die Kanäle des Unterbewussten für die Entwicklung einer Lösung – das kann ein Traum sein, der die Lösung zeigt, oder Ihnen fällt morgens spontan die Lösung ein.

Ein guter Vergleich zwischen Unterbewusstsein und Bewusstsein ist das Bild eines Eisbergs. Die unter der Wasserlinie liegenden 90 Prozent stellen das Unbewusste dar, alles das, was »aus dem Bauch« kommt, wie Gefühle, Erfahrungen, Instinkte etc. Die über der Wasserlinie sichtbaren 10 Prozent sind das Bewusste, alles, was wir mit dem Verstand erfassen. Deshalb ist es leichter, unseren Gefühlen, Wünschen und Sehnsüchten zu folgen, als uns mit dem Wenn und Aber der sogenannten Vernunft zu plagen.

Business-Spielregel: Wenn wir den strategischen Kopf mit dem intuitiven Bauch zusammenspannen, erweitern wir unser bisheriges Denken und Handeln um Dimensionen: So können wir mit dem Verstand fühlen und mit dem Herzen denken – ein lohnender Paradigmenwechsel.

Spannen Sie Kopf und Bauch zusammen

Smoothies: Charme und Charisma

Was wir unter weiblichem und männlichem Charme verstehen und welche Dosierung wir bevorzugen, ist von Frau zu Frau verschieden. Charme kann ein freundliches Lächeln sein, etwas Ansprechendes, das uns gefällt und gut ankommt. Charmant kann sein, fünf gerade sein zu lassen und berechtigte Kritik einmal wegzulassen und stattdessen Lösungen aufzuzeigen.

Professor Lothar Gall hat das Erfolgsrezept des legendären Bankers Herman Josef Abs (gestorben 1994), der als meisterhafter Strippenzieher des deutschen Wirtschaftswunders galt, so dargestellt: Er hatte Sinn für das Mögliche, gepaart mit einer nüchternen Abwägung der Chancen und Risiken. Er war ein Künstler in der

Menschenbehandlung, besaß ausgeprägten Charme und ein geschmeidiges Durchsetzungsvermögen. Damit passte er sich der jeweiligen Situation rasch an. Dies alles sind Eigenschaften, die uns Frauen ebenfalls zur Verfügung stehen. Mit Smoothies wie Charme und Charisma bringen Sie vitaminreiche Süße in den sauren Alltag.

Kurz & bündig

Wichtig für alle Frauen, die sich in den Business-Dschungel trauen: In diesem ersten Teil des Buches sind Sie mit vielen unterschiedlichen Facetten Ihrer Persönlichkeit und Ihres Potenzials in Berührung gekommen. Möglicherweise haben Sie Neues über sich gelernt, mit einigen Missverständnissen aufgeräumt, mehr Selbstvertrauen gewonnen und gehen mit einem klareren Verständnis auf Ihre Reise durch den Business-Dschungel.

- ❑ Nehmen Sie sich (immer wieder!) die erforderliche Zeit und Muße für die jeweiligen Selbstcoaching-Übungen. Führen Sie ein Arbeitsbuch, Sie werden es nicht bereuen.
- ❑ Je besser Sie sich selbst einschätzen können, desto besser können Sie Ihr Gegenüber einschätzen. Und umso klüger können Sie Ihre vielen Kostbarkeiten und Schätze nutzen!
- ❑ Vieles können Sie erreichen, wenn Sie wagen, zu sich selbst und zu dem zu stehen, was Sie wollen. Selbstverständlich müssen Sie auch gewillt sein, das einzubringen, was Sie haben und können.
- ❑ Definieren Sie, was für Sie in Ihrer jetzigen Lebensphase Erfolg ist, und gönnen Sie sich immer wieder ein Update.
- ❑ Schaffen Sie sich bewusst Ruheinseln, entschleunigen Sie – ohne schlechtes Gewissen!
- ❑ Entschleunigen Sie rechtzeitig, bevor Stress und Anspannung Sie überholen.

- ❑ Übernehmen Sie Verantwortung für sich. Das gilt für Ihr Handeln ebenso wie für Ihr Nicht-Handeln.
- ❑ Und vor allem: Lassen Sie sich nichts gefallen, es sei denn, es gefällt Ihnen!
- ❑ Vertrauen Sie sich selbst und glauben Sie an sich! Um es mit Miguel Cervantes zu sagen: »Es gibt Dinge, an die man zuerst glauben muss, um sie sehen zu können.«

SO KOMMEN SIE SICHER UND ERFOLGREICH VORAN

Neun Zehntel der Weisheit bestehen darin,
zum richtigen Zeitpunkt weise zu sein.
Theodore Roosevelt

5 Sicher im Business-Dschungel

Was immer du tun kannst oder träumst, es tun zu können, fang damit an! Mut hat Genie, Kraft und Zauber in sich.
Johann Wolfgang von Goethe

Do's and Don'ts

Der Business-Alltag gleicht einem Dschungel

Ein Dschungel ist gefährlich. Man muss genau aufpassen, wo man hintritt, wie man sich bewegt und mit wem man sich einlässt. Ähnlich ist es im Business-Alltag. Ehrgeiz, Neid, Machtspiele und Egotrips lauern fast überall. Die Lage ist oft unübersichtlich. Der Erfolg Ihrer Arbeit ist manchmal genauso schnell verschwunden wie ein mühsam frei gemachter Weg durch das Lianengestrüpp. Jedes Unternehmen hat eigene Regeln, ohne die es nicht funktionsfähig wäre. Sie sind essenziell für das reibungslose Zusammenspiel so vieler Einzelner. Wichtig für Sie ist, diese Regeln zu kennen und zu erfassen, sie zu nutzen und, wo nötig, auch zu verletzen, um im Dschungel gut zurechtzukommen. Wie Sie die Dos and Don'ts in Ihrer Firma herausfinden? Durch genaues Beobachten! Bleiben Sie sachlich, zurückhaltend und stellen Sie Fragen.
Bevor frau sich auf unbekanntes Terrain begibt, sollte sie wissen, was dort funktioniert, was gefährlich ist, worauf sie achten, wovor sie sich schützen muss, damit die Expedition erfolgreich wird. Es empfiehlt sich also, sich vorher gut zu informieren. Im Business bedeutet das:

- ❑ Lernen Sie die ungeschriebenen Gesetze des Unternehmens kennen.

- ❑ Finden Sie heraus, wer derzeit beliebt ist und wer derzeit als Loser betrachtet wird – Sie wissen, dass dies nicht immer so bleiben wird.
- ❑ Verschaffen Sie sich Klarheit, welche Verhaltensweisen positiv bewertet, welche als störend empfunden und welche abgestraft werden.
- ❑ Eruieren Sie die verschiedenen Möglichkeiten und Arten der Selbstdarstellung, die im Unternehmen gut ankommen und Erfolg versprechen.
- ❑ Finden Sie heraus, wo Widerspruch notwendig und wo er hinderlich ist.
- ❑ Informieren Sie sich, welche unterschiedlichen Sprungbretter wann zu nutzen und welche noch so gut getarnten Fallen zu vermeiden sind.
- ❑ Stellen Sie fest, welche Stimmung und welcher Umgangston im Unternehmen herrschen. Gibt es Einweisungstage für Neue, Mentoring oder Paten für Aufsteiger und High Potentials? Wird man ins kalte Wasser geworfen und wie schafft man es, nicht unterzugehen?
- ❑ Achten Sie auf die Sitten und Gebräuche im Umgang der Abteilungen untereinander. Gibt es ständige Kleinkriege und aggressives Machtgerangel? Wie möchten Sie behandelt werden und was müssen Sie dafür tun?
- ❑ Last not least: Wie und wo können Sie all das erfolgreich nutzen, was Ihnen wichtig ist und das Sie sich im ersten Teil dieses Buches erarbeitet haben?

Tipp Gerade wenn Sie neu im Unternehmen sind, empfiehlt es sich, den Ball flach zu halten und sich die ersten Sporen zu verdienen, bevor Sie in vollem Glanz und Gloria strahlen.

- ❑ Eine gewisse Form des Understatements funktioniert fast immer. Wenn Sie unterschätzt werden, erfahren Sie oft mehr.

Halten Sie den Ball flach!

- ❑ Der Nutzengedanke ist sehr wichtig für das Durchsetzen Ihrer Pläne. Wenn Sie den Nutzen darstellen können, der in Ihrem Vorhaben liegt, haben Sie schon fast gewonnen.
- ❑ Eruieren Sie, welcher Nutzenaspekt am interessantesten für den Einzelnen und am gewinnbringendsten für das Unternehmen (oder umgekehrt) ist. Dieser steht dann an zentraler Stelle Ihrer Argumentationskette oder schriftlich strukturiert in Ihrem Business Case, wobei die Wiederholung bestimmt nicht schadet.
- ❑ Sollte es jedoch so sein, dass Ihrem Vorhaben kein Erfolg beschieden sein wird, lassen Sie es sein und folgen Sie der Indianerweisheit: »Steig ab, wenn dein Pferd tot ist.«

Die geheimen Spielregeln der Macht

Stärke entspringt nicht aus physischer Kraft,
sondern aus einem unbeugsamen Willen.
Mahatma Ghandi

Macht an sich ist weder gut noch böse

Macht kann auf Ausstrahlung, Persönlichkeit und Abhängigkeiten genauso beruhen wie auf hierarchischer Autorität und dem Einsatz von Belohnungen. Auch Expertise und Wissen können eine Basis für Macht sein, ebenso wie die Legitimation, über Regeln und Zwang auf das Verhalten anderer einzuwirken. Macht kommt von machen – um Macht zu haben, sie auszuüben und sie zu behalten, muss man etwas tun. Macht wird nicht geschenkt, sondern temporär verliehen und legitimiert, wenn das Gegenüber sie anerkennt und sich ihr unterwirft. Es gehören also immer zwei dazu. Es braucht Macht, um etwas bewegen zu können. Mächtige nutzen gern den Weg des geringsten Widerstands und zeigen kaum ihr wahres Gesicht im Job. Sie sind schwer zu erkennen, haben oft einen mitreißenden Charme, ein freundlich-freches Jungengesicht und strahlen dabei große innere Stabilität aus. Fast jeder folgt ihnen und hat den Eindruck, dass er von den Mächtigen als wichtig eingestuft wird. Es geht ihnen allerdings nicht darum, glaubhaft zu sein, sondern glaubhaft zu erscheinen. Sie haben kein Interesse an Lösungen, bei denen beide Parteien gewinnen. Ablenken, Täuschen und Tarnen sind ihre Vorgehensweisen. Freundliche Appelle an Solidarität und Gerechtigkeit sind lediglich Nebelbomben, um den Verhandlungspartner zu täuschen. Top-Manager missbrauchen ihre Macht immer wieder, um diejenigen auszuhebeln, die sich der Allgemeinheit verpflichtet fühlen. Deshalb ist es wichtig, die drei wichtigsten Spielregeln der Mächtigen zu kennen:

Spielregeln der Mächtigen

- ❑ Pläne werden blitzschnell im Verborgenen ausgearbeitet und dann überraschend umgesetzt. Der Gegner wird völlig überrumpelt. So wussten bei der Fusion von Chemiegiganten angeblich nur drei Personen davon.
- ❑ Geschichten werden so erzählt und Tatsachen so präsentiert, dass der Gegner die verdrehte Wirklichkeit widerspruchslos akzeptiert oder sogar begrüßt. Dieses Vorgehen ist in der Politik weit verbreitet und wird unter dem Mäntelchen »Strategische Kommunikation« salonfähig gemacht.
- ❑ Statistiken werden benutzt, um Sachverhalte darzustellen, die dazu dienen, gewisse Handlungen zu legitimieren. Deshalb: »Glaube nur der Statistik, die du selbst gefälscht hast.«

Die Mächtigen glauben an Hierarchien, nicht an Netzwerke und das Kollektiv. Deshalb an dieser Stelle die fünf wichtigsten Spielregeln in hierarchisch geprägten Unternehmen:

1. Die Vorgaben der nächsthöheren Stelle müssen eingehalten und Vorgesetzten muss zugearbeitet werden. Manchmal kann Macht auch von untergeordneter Stelle ausgehen und proaktiv nach oben ausgeübt werden.

2. Helfershelfer werden belohnt, Unkooperative hingegen isoliert. Echte Loyalität ohne Selbstverleugnung ist gefragt.
3. Selbstbewusstsein und die Fähigkeit zur Selbstdarstellung sind wichtig. Wenn Sie wissen, wer Sie sind und wo Sie hin wollen, gelingt es leicht(er).
4. Statussymbole hat man, sie werden jedoch eher unauffällig eingesetzt.
5. Bleiben Sie freundlich und bewegen Sie sich entspannt auf der Sachebene!

Befreien Sie sich aus den Machtfallen

Gerade Frauen sind gefährdet, immer wieder in gut getarnte »Machtfallen« zu geraten, und können sich schwer daraus befreien. Wenn Sie vermeiden wollen, in die Fallen der Machtspieler zu geraten, sollten Sie sich keinesfalls verwundbar machen, indem Sie emotional reagieren und versuchen, die Welt zu verbessern. Lernen Sie lieber, Disziplin und Selbstbeherrschung zu zeigen. Beide Tugenden schätzen die Mächtigen sehr, die übrigens ausgezeichnet den Beruf von ihrem Wesen trennen können. Diese Fähigkeit sollten wir schleunigst von ihnen lernen, damit uns der Spagat zwischen »heiler Welt« und Business-Realität leichter gelingt.

Kurz & bündig

Berücksichtigen Sie die folgenden Punkte, um die aufgestellten Machtfallen zu vermeiden oder um schneller wieder aus ihnen herauszukommen:

- ❑ Das Einzige was zählt, ist das Ergebnis.
- ❑ Definieren Sie Ihr eigenes Ziel so klar wie möglich und halten Sie daran fest.
- ❑ Seien Sie sich im Voraus darüber im Klaren, was Sie akzeptieren können und was Sie ablehnen müssen.
- ❑ Recherchieren Sie, mit wem Sie es zu tun haben.

- ❑ Führen Sie ein Protokoll über Zusagen und kontrollieren Sie, ob diese eingehalten werden.
- ❑ Schaffen Sie Verpflichtungen und überlegen Sie sich Druckmittel, falls Versprechen nicht eingehalten werden.
- ❑ Zeigen Sie Ihr Pokerface, solange es geht. Überlegen Sie sich genau, ob Sie sich Ehrlichkeit leisten wollen oder können. Andernfalls ziehen Sie sich rechtzeitig zurück.
- ❑ Spielen Sie mit Mächtigen nur, wenn Sie vollkommen fit sind und gute Chancen bestehen, dass Sie das Spiel unbeschadet überstehen und es sich lohnt.

6 Spiele und ihre Regeln strategisch nutzen

Wenn wir, solange wir leben, dem Weg der Freude folgen,
werden wir am Ende eins sein mit diesem Weg.
Leo Tolstoi

Wer spielt mit (oder gegen) wen?

Bevor man sich selbst ins unbeabsichtigte Aus manövriert, sollte man sich in Business und Büro anpassen und den jeweils herrschenden Spielregeln folgen, wenn es nicht anders möglich ist. Das komplexe Zusammenspiel verschiedener Geschäftsbereiche, Interessengruppen und Persönlichkeiten ist unübersichtlich. Wer spielt mit wem? Wer spielt gegen wen? Welche Spieler oder Spielerinnen werden gerade in welchem Spiel ausgetauscht? Es ist wie beim Wetterbericht, langfristig ist eine genaue Vorhersage selten richtig. Manchmal geschehen auch Dinge, mit denen keiner gerechnet hat und die alle bisher geltenden Regeln auf den Kopf stellen.

Lernen Sie zuerst die Regeln!

Manche Frauen ziehen die Zuschauerrolle vor, anstatt sich der Gefahr eines Spielfehlers auszusetzen, der unter Umständen fatal sein kann. Für den Anfang und solange Sie das Spiel nicht kennen, macht dies Sinn, denn auf der Zuschauerbank sind Sie erst einmal sicher, bis Sie das Spiel und seine Regeln durchschaut haben. Dann aber los – und engagiert ins Spielgetümmel!

Tipp

Bleiben Sie Zuschauerin, bis Sie wissen, was gespielt wird. Sehen Sie genau hin und hören Sie erst einmal zu. Nach welchen Regeln wird gespielt? Was ist richtig, was falsch? Welche Regel bewirkt was und welcher Regelverstoß hat welche Konsequenzen? Wenn Sie sich den Überblick verschafft haben, Spiele und Spieler einschätzen können, ist es an der Zeit, von der Zuschauerin zur Spielerin zu werden. Selbstverständlich können Sie jederzeit wieder in die Zuschauerrolle wechseln, wenn Sie unsicher sind.

Um sich am richtigen Spiel zu beteiligen oder Ihr eigenes zu starten, ist es wichtig, zu wissen, was genau Sie erreichen wollen. »Einfach einmal zu machen« ist wenig optimal. Besser ist es, strategisch vorzugehen, um wirklich das zu erreichen, was man möchte.

Die Sechs-W-Strategie

Strategie ist weiblich. Es heißt »die Strategie«, denn Frauen sind geborene Strategen. Den Männern meist körperlich unterlegen, hat frau schon vor Ewigkeiten Alternativen entwickelt, um sich durchzusetzen. Einige meiner Klientinnen sind sich dieser Stärke oft gar nicht bewusst. Mit Bemerkungen wie »Da habe ich mal wieder Glück gehabt« oder »Na ja, so schwer war das ja nicht« berauben sie sich vieler schöner Erfolgserlebnisse. Manchmal halten sie sich klein mit »Das schaffe ich nicht« oder sogar »Das steht mir nicht zu«. Strategie ist nichts anderes, als einen Plan zur Durchsetzung eines Projekts oder Vorhabens auszuarbeiten, den man dann taktisch überlegt, Schritt für Schritt umsetzt und realisiert. Das erfordert klares Denken und folgerichtiges Handeln mit genügend Flexibilität, Unerwartetes zielführend einbauen zu können. So können Sie den Erfolg bewusst gestalten, anstatt wertvolle Energie in wildem »Jetzt machen wir mal«-Aktionismus zu vergeuden.

Mit folgender Faulpelz-Taktik werden Sie Meisterin im Finden und Entwerfen von Strategien, wie Sie das, was Sie erreichen wollen, auf die einfachste und müheloseste Art erreichen können.

Wie kommen Sie am einfachsten und bequemsten ans Ziel?

Die Planung einer Strategie lässt sich in einem einfachen Satz beschreiben: Was will ich warum wie mit wem bis wann erreichen? Um die gestellte Frage zu beantworten, ist es wichtig, dass Sie zuerst die sechs W-Themen geklärt und Ihre Antworten umfassend zu Ende gedacht haben. Bitte scheuen Sie sich nicht, dabei Unterstützung von Mentoren, Experten, Beratern, Coachs und über strategische Allianzen in Anspruch zu nehmen. Deshalb und weil Strategie und Spielregeln viel miteinander zu tun haben, Frauen damit oft auf Kriegsfuß stehen und strategisches Vorgehen für uns Frauen im Business immens wichtig ist, gehe ich an dieser Stelle ausführlich auf die sechs einzelnen Ws ein.

- **W eins: WAS wollen Sie erreichen?**
  Wer das Ziel nicht kennt, wird den Weg nicht finden, sagt man. Ziele zu erkennen und zu definieren erreicht man am besten ganz smart: Ihr Ziel ist **s**pezifisch, wenn Sie genau wissen, was es ist. Es ist **m**essbar, wenn Sie konkret erkennen können, dass es erreicht ist. Ein Ziel ist **a**ttraktiv, wenn es Sie anmacht, Sie begeistert, Sie quasi magisch anzieht. Ein Ziel ist **r**ealistisch, wenn Sie es erreichen können. Schweine können einfach nicht fliegen. Wann ist der **T**ermin für die Zielerreichung? Bitte keine Endlosveranstaltung – gähn! Hinterfragen Sie, ob es wirklich Ihr eigenes Ziel ist, das Sie verfolgen. Oder haben Sie Wünsche und Erwartungen Ihrer Eltern, Ideen Ihrer Lehrer oder Ihres Partners übernommen und für sich zum Ziel gemacht?
- **W zwei: Ihr WILLE – was wollen Sie?**
  Wo ein Wille, da ein Weg! Doch welche Konsequenzen hat Ihr Handeln? Was ist der beste, was ist der schlimmste Fall? Ist dieses Ergebnis dann immer noch okay?
- **W drei: WARUM – damit beginnt die Frage nach dem Sinn Ihres Handelns**
  Warum ist es Ihnen wichtig, Ihr Ziel zu erreichen? Was steckt dahinter? Welchen Nutzen hat es, wenn Sie gewinnen? Für wen? Wer kommt dabei eventuell zu Schaden? Nehmen Sie das billigend in Kauf? Weshalb? Wem nützt es? Welchem höheren Zweck dient es?

- ❑ **W vier: WIE können Sie erfolgreich punkten?**
  Wie müssen Sie Ihr Projekt aufsetzen beziehungsweise Ihr Vorhaben planen, damit es funktioniert? Welche Schritte müssen aufeinander folgen? Wie werden Sie Unerwartetes oder Rückschläge meistern? Bedenken Sie: Was möchten Sie vermeiden? Was sollte auf gar keinen Fall geschehen? Und was passiert, wenn es doch geschieht? Woran erkennen Sie, dass Ihre Strategie scheitert? Welche Abbruchkriterien definieren Sie?
- ❑ **W fünf: Mit WEM möchten, können oder müssen Sie unterwegs sein?**
  Wer möchte, kann, sollte beziehungsweise muss Ihnen helfen, Ihr Ziel zu erreichen? Wie können Sie diese Personen für Ihr Projekt gewinnen? Was müssen diese Personen können, was müssen sie tun, was müssen sie lassen? Welche interpersonellen Störfaktoren können auftauchen? Wie werden Sie damit umgehen? Was ist, falls niemand Sie unterstützt?
- ❑ **W sechs: WANN ist die Frage nach Beginn und Ende**
  Wann beginnen Sie konkret mit Ihrem Projekt oder Vorhaben? Gibt es eine kritische Phase? Wie tangiert dies den Zeitplan? Müssen Zwischenetappen/Meilensteine, eingebaut werden? Wann werden Sie auf die Zielgerade einbiegen? An welchem Tag/in welcher Woche haben Sie Ihr strategisches Ziel erreicht? Welche Nachfrist gibt es eventuell, welche nicht?

Wenn Sie alle W-Fragen für sich beantwortet haben und Ihre Antworten gut durchdacht sind, ist die Planung fertig und es geht an das Umsetzen.

Erfolgreich unterwegs: Strategieumsetzung

Die beste Strategieplanung ist für die Katz, wenn keine Taten folgen. Das Tun – die Umsetzung, die Verwirklichung Ihrer gedanklichen Planspiele, wird eine spannende Reise und Sie werden dabei viel lernen. Trommeln Sie Ihre Mitspieler herbei. Richten Sie sich aus und beginnen Sie, das zu tun, was Sie geplant haben. Rüsten Sie sich auch für Notfallsituationen, spielen Sie sie vorher mental durch. Schicken Sie Ihren Perfektionsdrang ein bisschen in Urlaub, denn wirkliches Leben geschieht, während wir andere Pläne gemacht haben. Improvisieren Sie, wenn nötig. Und überprüfen Sie regelmäßig, ob Sie noch im Rahmen Ihrer Planung in Richtung Ziel unterwegs sind.

z.B.

Eine Klientin berichtete über ihren großen Erfolg bei einem Projekt, an dessen Realisierung keiner wirklich glaubte. Sie hatte ihr Konzept bei jedem der Beteiligten persönlich vorgestellt und sie nach ihrer Meinung, ihren Vorschlägen und ihrem Rat gefragt. Als das Projekt dann zur Abstimmung anstand, wurde es von allen Beteiligten ohne Gegenstimme angenommen.
Während der Realisierungsphase bekam sie jegliche Form der Unterstützung, weil sich alle Beteiligten durch ihr eigenes Engagement in der Vorbereitungsphase dem Projekt gegenüber verpflichtet fühlten.

Kurz & bündig

- ❑ Um die Business-Vielfalt erfolgreich zu managen, braucht es klare Strukturen.
- ❑ Wollen Sie geschäftliche Vorhaben und die eigenen Pläne verwirklichen, sind durchdachte Strategien und Regelwerke nötig.
- ❑ Berücksichtigen Sie bei Ihrer Strategieplanung die ungeschriebenen Regeln in Ihrem Unternehmen. Was wird honoriert – was wird abgebügelt? Sehen Sie genau hin, denn diese Mechanismen sind sehr subtil.

- ❑ Fallen und Stolpersteine sind oft kaum sichtbar. Wie können Sie sie umgehen, ohne selbst Schaden zu nehmen? Bedenken Sie bitte stets, dass Umwege immer die Ortskenntnis erhöhen.
- ❑ Bei aller gründlichen Planung – vergessen Sie die Umsetzung nicht! Sie wissen ja, es gibt nichts Gutes, außer man tut es!

7 Spielregeln gelingender Kommunikation

Wenn man etwas Unangenehmes zu sagen hat,
sollte man stets ganz aufrichtig sein.
Oscar Wilde

Bei erfolgreicher Kommunikation geht es neben dem, was die Senderin einer Nachricht zum Ausdruck bringen will, vor allem um den Empfänger. Wie er das von Ihnen Gesagte – und manchmal sogar anders Gemeinte – auffasst, entscheidet letztlich, welche Wirkung Ihre Worte entfalten. Deshalb ist es wichtig, ständig ein Kontrollprogramm im Hinterkopf mitlaufen zu lassen, das unsere Kommunikation vor dem Hintergrund überprüft: »Wie kommt meine Botschaft beim anderen an und kann ich damit Erfolg haben?« Die Basisregeln hierfür sind: Störungen haben Vorrang und jeder ist für den Erfolg (mit-)verantwortlich. Meinen Sie sich persönlich, sagen Sie »Ich«, anstatt unspezifisch »man« zu verwenden. Senden Sie Ich-Botschaften und sprechen Sie nur für sich, nicht für andere. Fassen Sie sich kurz. Versuchen Sie kein »Zwangsbeglücken«, denn der Spruch »Wird jemand überzeugt gegen seinen Willen, bleibt er seiner Meinung treu im Stillen« trifft meistens zu.
Jedes Unternehmen hat seinen eigenen Kommunikationsstil. Es lohnt sich, herauszufinden, welche Sprachregelungen und kulturellen Fallstricke es gibt, bevor man die vielen versteckten Fettnäpfchen zum bevorzugten Aufenthaltsort macht. Das beginnt schon mit der Kommunikation zwischen Mann und Frau.

Männer sind vom Mars – Frauen sind von der Venus

Der amerikanische Paartherapeut Dr. John Gray hat in seinem Bestseller einen Sprachführer, der uns hilft, die unterschiedlichen geschlechtsspezifischen Kommunikationsstile besser zu verstehen. Sechs Thesen zu Männer- und Frauensprache:

Frauen- und Männersprache

1. Frauen formulieren ihre Bedürfnisse, Erwartungen und Anweisungen eher indirekt. Dies lässt sie manchmal schwächer wirken, als sie sind. Kritik, Wünsche und Erwartungen werden so zurückgenommen, dass sie als solche nicht mehr erkennbar sind.
2. Frauen achten auf die Beziehungsbotschaft einer Aussage, Männer mehr auf ihre Freiheit. Frauen nehmen ihrer Botschaft mit »eigentlich«, »eventuell«, »würde«, »sollte«, »müsste« häufig den nötigen Nachdruck.
3. Frauen streben mehr nach gleichberechtigter Kommunikation als Männer, die mehr hierarchie-, macht- und statusbewusst unterwegs sind. So beanspruchen Männer mit 11 bis 13 Sekunden mehr Redezeit als Frauen mit 3 bis 10 Sekunden im Durchschnitt. Frauen unterwerfen sich, indem sie sich dumm stellen und Inkompetenz vortäuschen. Es würde sich für viele Frauen lohnen, ihr Gegenüber mit Sachfragen zu fordern, um es so mit der eigenen Inkompetenz in Berührung zu bringen.
4. Frauen neigen eher zum Verhandeln als Männer. Es geht ihnen mehr um Interessenausgleich als um Interessendurchsetzung.
5. Frauen neigen dazu, Probleme zu schildern und andere zu bitten, gemeinsam und kooperativ nach einer Lösung zu suchen.
6. Frauen streben nach Konsens, sie möchten eine weitgehende Übereinstimmung im Denken, Fühlen und Handeln zwischen sich und den Menschen in ihrer Umgebung erzielen. Diese Harmoniefalle ist gefährlich!

Vier Ohren hat der Mensch

Neben geschlechtsspezifischen Kommunikationsunterschieden gibt es noch vier unterschiedliche Seiten einer Nachricht. Mit diesem Vier-Seiten/Ohren-Modell sicherte sich Friedemann Schulz von Thun seinen Platz in der Kommunikationswissenschaft. Er geht davon aus, dass alles Gehörte und Gesagte einen Sachinhalt hat (Worum geht es?), eine Beziehungsebene besitzt (Wie stehe ich zu meinem Gegenüber?), eine Appellwirkung hat (Was bezwecke ich?) und gleichzeitig etwas über den Sender offenbart.

z.B. Ein Beispiel dazu unter Kollegen: Herr Brunner sagt zu Frau Schnarrenbach: »Ich möchte Sie nicht mit zu vielen Informationen belasten.« Sachinhalt ist, Frau Schnarrenbach bekommt keine weiteren Informationen. Auf der Beziehungsebene fühlt sich Herr Brunner seiner Kollegin überlegen und verrät auf der Selbstoffenbarungsebene, dass er sein Wissen für sich behält. Die Appellwirkung für Frau Schnarrenbach kann heißen: »Halten Sie sich hier raus!« Oder: »Kümmern Sie sich selbst, wenn Sie etwas wissen wollen.«

Schweigen kann viel heißen

Wie aber lässt sich ein Schweigen als kommunikative Nachricht deuten? Auf der Sachebene drückt es Ruhe aus. Die Selbstoffenbarung »Ich will meine Ruhe haben« kann dahinterstecken. Auf der Beziehungsebene könnte man es sowohl mit »Ich fühle mich wohl/bin zufrieden mit dir« als auch mit »Ich bin sauer auf dich/beleidigt/zornig etc.« deuten. Daraus ergibt sich möglicherweise der Appell: »Tu was, sag was, lenke ein!« Das Schweigen könnten Sie in einer Frage und durch eine Ich-Botschaft auflösen: »Ich weiß nicht, weshalb schweigen Sie?«

Körpersprache entschlüsseln

Die These »Man kann nicht nicht kommunizieren« von Paul Watzlawick, Psychotherapeut und Autor, bezieht sich auf die nonverbale Kommunikation, wie Gestik, Mimik, Haltung etc., also auf Körpersprache und persönliche Ausstrahlung. Seminare, wie frau ihre Körpersprache positiv beeinflussen kann, gibt es massenweise. Samy Molcho ist für mich der Beste seines Fachs. Er sagt: »Was wir sind, sind wir durch unseren Körper. Der Körper ist der Handschuh der Seele, seine Sprache das Wort des Herzens. Jede innere Bewegung, Gefühle, Emotionen und Wünsche drücken sich durch unseren Körper aus.« Manche körpersprachlichen Signale sind eindeutig und haben gängige Formulierungen hervorgebracht.

Zum Beispiel »mit stolzgeschwellter Brust« oder »mit hängendem Kopf«. Wer geknickt ist, lässt die Schultern hängen. Hände unterhalb der Gürtellinie werden als negativ interpretiert. Wenn Sie Ihre Hände hinter Ihrem Rücken verbergen oder in Ihren Taschen, signalisieren Sie, dass Sie nichts preisgeben wollen. (Vielleicht wollen Sie aber einfach nur Ihre Hände »aufräumen«.) Wer fahrig gestikuliert, wirkt unsicher. Lächeln, das die Augen nicht erreicht, wird schnell als unecht entlarvt. Wenn Sie die Beine übereinanderschlagen, sollte das obere Knie in Richtung Ihres Gegenübers zeigen, die andere Richtung könnte ablehnend wirken.

Nonverbale Kommunikation

Es ist fast unmöglich, die eigene Körpersprache zu kontrollieren, deshalb sollten Sie gezielt Ihr eigenes Befinden verbessern: Indem Sie Ihre Körperhaltung, Atmung oder Mimik verändern, nehmen Sie gleichzeitig Einfluss auf Ihr Gefühlsleben. Eine offene Haltung im Brust- und Halsbereich signalisiert Selbstbewusstsein und wenig Furcht. Ein schneller Gang mit erhobenem Kopf strahlt Selbstsicherheit aus. Nach oben hin geöffnete Hände wecken Vertrauen, da sie nichts verbergen können. Mit offenen Gesten und einer aufrechten Körperhaltung wirken Sie interessant und bedeutungsvoll. Setzen Sie sich oder stehen Sie im 45-Grad-Winkel zu Ihrem Gegenüber – das schafft Vertrauen. Synchronisieren Sie Ihre Bewegungen und Rhythmen mit denen Ihres Gegenübers – bauen Sie eine Brücke und nicken Sie zu seinen Worten. Passen Sie sich in Ton und Tonhöhe an und achten Sie auf ein ausgewogenes Verhältnis zwischen Reden und Zuhören. Auch Letzteres gehört zur Kommunikation!

Tipp

> Die vielen, manchmal auch widersprüchlichen Signale der Körpersprache können sehr verwirrend sein, deshalb empfehle ich Ihnen, sich neben Ihrer visuellen Wahrnehmung auch auf Ihren intuitiven Gesamteindruck zu verlassen.

Die Vielfalt ist wichtig

Ohne Unterschiede in der Stimme, im Aussehen, in der Ausstrahlung wäre es langweilig. Es ist wichtig, dass unser Gegenüber erkennt, wie wir gerade »drauf« sind, ebenso wie wir darauf angewiesen sind, die entsprechenden Signale zu empfangen. Stilisieren Sie sich nicht als »geheimnisvolle Unnahbare«, sondern zeigen Sie, dass man mit Ihnen reden kann, welche Dinge Ihnen wichtig sind und was Sie noch im Business von sich preisgeben möchten. Sonst ist kein Austausch möglich. Sie sind auf dem besten Weg dazu, wenn Sie einige einfache Grundsätze befolgen:

- Hören Sie sofort auf, sich mit irgendwelchen Models oder Stil-Ikonen zu vergleichen. Selten sind sie wahre Idealformen der Natur, viel öfter Produkte ausgeklügelter Technik und von Schönheitsoperationen.
- Schauen Sie sich in Ihrem Umfeld um und prüfen Sie den Blick Ihrer Nächsten: Bekommen Sie genügend Zuwendung und Akzeptanz?
- Zeigen Sie Interesse an anderen. Wer offen auf Menschen zugeht und Interesse zeigt, wirkt in den Augen anderer sozial kompetent und attraktiv.
- Weil wir einen Körper haben, kann man uns sehen. Ohne Körper wären wir nicht wahrnehmbar. Er ist nötig, um etwas zu bewirken, zu tun, sich zu bewegen, zu arbeiten, zu tanzen, zu spielen. Anstatt zu bemängeln, dass Sie keine feingliedrigen Pianistinnenhände haben, könnten Sie sich zum Beispiel sagen: »Meine Hände sind kräftig, mit ihnen kann ich gut zupacken.« Das klingt doch gleich viel besser.
- Verzichten Sie auf Selbstbeschimpfungen.
- Optimismus, gute soziale Beziehungen, das Gefühl, ein Ziel und einen Sinn im Leben zu haben, sind optimale Voraussetzungen für Glück – und viel wichtiger als Schönheit!

Unterschiedliche Verständigungsarten

Passives Kommunikationsverhalten

Sie können sich auf drei Arten verständigen: passiv, aggressiv und selbstbehauptend. Ein passives Kommunikationsverhalten erkennen Sie am selbstverleugnenden Opfersyndrom, übertriebenen

Entschuldigungen, einer sanften, schmeichlerischen Stimme, einer manipulierend, zögernd-gehemmten Sprechweise und einer vieldeutigen Aussage. Auf nonverbaler Ebene offenbart sich passives Kommunikationsverhalten in verstohlenem Blickkontakt, nervösem Auftreten und dem Eindruck verhaltenen Ärgers, stillen Zorns oder durch Tränen. Passiv kommunizierende Menschen stehen im Allgemeinen selten für ihre Handlungen oder für ihr Verhalten ein. Durch die Angst, abgewiesen zu werden, laden sie andere regelrecht dazu ein, ihre Rechte zu verletzen. Am Beispiel einer Gehaltsverhandlung dargestellt, wird deutlich, dass diese Form der Kommunikation selten von Erfolg gekrönt ist. »Glauben Sie, hm, dass Sie sich überlegen könnten, mir eventuell eine Gehaltserhöhung zu geben, aber nur wenn Sie Zeit haben?« Würde Sie dieser Satz motivieren, einer Gehaltserhöhung zuzustimmen? Mehr zum Thema Gehaltsverhandlung finden Sie auf Seite 164.

Aggressives Kommunikationsverhalten

Ebenso wenig erfolgreich ist eine aggressive Verständigungsform, die darauf abzielt, sich selbst zu behaupten, indem die Rechte anderer Menschen verletzt werden. Aggressiv Kommunizierende erkennen Sie an Selbstgerechtigkeit, Drohgebärden und verringertem Körperabstand. Sie lassen mangelhafte Selbstbeherrschung erkennen und haben das Bedürfnis, andere zu kontrollieren. Verbal neigen Aggressive dazu, andere zu beschuldigen, einzuschüchtern und zu beherrschen. Sie übertreiben, beschimpfen, sprechen schnell und laut. Passiv-aggressiv Kommunizierende neigen zu Verleumdungen und intrigantem Verhalten.

Selbstbehauptung

Die selbstbehauptende Verständigungsart erlaubt, für das eigene Verhalten und Handlungen einzustehen, ohne die Rechte anderer Menschen zu verletzen. Taktvoll und trotzdem geradeheraus und ehrlich wird mit Ich-Botschaften verantwortungsvoll kommuniziert. Solche Menschen achten auf ein ausgewogenes Geben und Nehmen und drücken sich klar und deutlich aus. Sie sind selbstbewusst, ihre Körpersprache entspricht ihren Worten und sie halten angemessenen Augenkontakt und Körperabstand.

Positiv statt negativ

Unser Unbewusstes ist positiv, es versteht keine Verneinung. Worte wie »kein« und »nicht« gehen spurlos an ihm vorüber. Gern

verwendete Formulierungen wie »gar nicht schlecht« interpretiert es als schlecht. Deshalb kommt dabei auch keine Freude auf, während bei »gut gemacht« oder »gefällt mir« unsere Laune spürbar steigt.
Einige Beispiele negativer (N) und positiver (P) Formulierungen:

- N: Sieht schlecht aus. P: Ich werde sehen, was ich für Sie tun kann.
- N: Ich kann mir nicht vorstellen, dass das so geht. P: Interessante Idee, aber wie funktioniert das?
- N: Das klappt so nicht ohne Weiteres. P: Die Voraussetzungen hierfür sind …

Erfolge clever kommunizieren

Und eines Tages ist dann es so weit: Sie haben Ihr Ziel erreicht, das Projekt ist gut gelaufen und erfolgreich abgeschlossen. Feiern Sie sich, feiern Sie Ihr Team, feiern Sie Ihren Erfolg! Sie haben hart dafür gearbeitet, umfassend und gründlich geplant, unerwartete Hindernisse bei der Umsetzung bewältigt und auf so manches verzichtet, ohne schlappzumachen. Sie haben sich Ihren Erfolg redlich verdient. Schieben Sie ihn nicht auf ein obskures Glück – wie passiv kommunizierende Frauen. Und auch falls es Ihnen (im Nachhinein) leicht erschien, seien Sie stolz auf Ihren Erfolg, denn Sie haben es geschafft! Andere hätten an Ihrer Stelle vielleicht Schiffbruch erlitten.
Wenn Sie Erfolge kommunizieren wollen, ohne überheblich zu wirken, versuchen Sie es so:

Den Dank nicht vergessen

- »Ich bin so froh, dass es uns gelungen ist, die herausfordernden Umsatzziele in diesem Jahr zu erreichen. Es war schwierig und ich danke allen (hier können Sie auch alle Namen nennen), die geholfen und uns unterstützt haben.«
- Oder so: »Ich danke allen Teammitgliedern, die sich in den vergangenen Monaten so für unser Projekt eingesetzt haben.

Die bei Systemabstürzen keine Überstunde gescheut haben. Die für viele Änderungswünsche Verständnis aufbrachten, auch wenn es schwierig war. Wir danken unseren Kunden für ihr Vertrauen und die Erfahrung, gemeinsam etwas richtig Gutes geschafft zu haben. Wir wollen uns alle miteinander freuen!«

- ❑ Hat Ihnen jemand besonders gut zugearbeitet, erwähnen Sie ihn bitte direkt, ohne den Nichtgenannten auf die Zehen zu steigen: »Herr/Frau Müller und sein/ihr Team haben maßgeblich zu unserem guten Ergebnis beigetragen. Ohne ihn/sie und seine/ihre Leute hätten wir die Sache nicht so schnell hinbekommen.« Denken Sie bitte daran, sich auch bei dem Kollegen/der Kollegin persönlich zu bedanken.
- ❑ Wenn Sie neu in ein Unternehmen kommen, halten Sie sich mit dem Selbstlob ein bisschen zurück. Etwas Understatement verletzt weniger ungeschriebene Regeln. Man kann Sie noch nicht einschätzen und so ist weniger am Anfang mehr.
- ❑ Achtung: Jammern Sie nicht über die viele Arbeit und die unvermeidbaren Rückschläge.

Kommunikative Störfälle

So schlagen Sie Angreifer, Schaumschläger und Machtgierige in die Flucht

Störungen haben Vorrang. Das heißt, Sie müssen direkt darauf reagieren – aber bitte überlegt und sachlich anstatt, wie so oft empfohlen, spontan und schlagfertig! Werden Sie massiv unter Druck gesetzt, lassen Sie es doch einmal darauf ankommen, bewegen Sie sich in Richtung Ausgang und spiegeln Sie das Verhalten Ihres Gegenübers mit den Worten: »Ich reagiere niemals auf Druck, dafür bin ich bekannt.« Störende Schaumschläger können Sie mit noch eloquenterer Phrasendrescherei verwirren. Will Ihr Gesprächspartner seine Macht ausspielen, können Sie kontern: »Ich weiß, dass Sie letztlich am längeren Hebel sitzen, und möchte gern eine Einigung auf sachlicher Grundlage erreichen. Einverstanden?« Werden Sie persönlich angegriffen, empfiehlt sich: »Entschuldigung, das wird mir jetzt zu persönlich. Ich schlage vor, dass wir zum Thema zurückkehren.« Wenn Ihr Gesprächspartner auf Ihre Argumente nicht eingeht und auf seiner Meinung beharrt, können Sie sagen: »Was stört Sie an meinen Argumenten so, dass Sie nicht darauf eingehen?« beziehungsweise das Gespräch mit den Worten beenden: »Ein Gespräch, das sich nur um Ihre Meinung dreht, ist in meinen Augen kein richtiges Gespräch. Darum ist es für mich wenig attraktiv, an dieser Stelle weiterzureden.«

Motivierende Kritikgespräche

In Kapitel 3 haben Sie Ihr Kritikverhalten reflektiert und Feedbackregeln erlernt. Jetzt ist Kritik aussprechen an der Reihe. Wenn Sie schon kritisieren müssen, dann bitte sparsam, konstruktiv und wertschätzend. Reiten Sie vor allem nicht dauernd auf dem Kritikthema herum. Achten Sie auf einen positiven Gesprächseinstieg, in dem Sie die Basis dafür schaffen, dass Ihr Gegenüber die Kritik auch annehmen kann. Finden Sie etwas, wofür Sie Ihr Gegenüber loben können, und folgen Sie dann drei Ws:
Das erste steht für Ihre Wahrnehmung. Was haben Sie exakt wahrgenommen? Bitte konzentrieren Sie sich in Ihrer Kritik auf ein Verhalten in einer bestimmten Situation. Wenn Ihr Gegenüber erkennt, dass nicht sein gesamtes Verhalten auf dem Prüfstand steht, ist in der Regel eine gute Gesprächsbasis geschaffen.
Das zweite W steht für die Wirkung, die der Sachverhalt auf das Ergebnis oder Verhalten der anderen Person hat.
Das dritte W ist Ihr Wunsch, nämlich das, was Sie für die Zukunft erwarten, und welchen Nutzen der Kritisierte daraus hat.

z.B. Frau Vinster kam oft zu spät in Teamsitzungen, was deren Ablauf immer wieder verzögerte, weil Frau Vinsters Sachkompetenz erforderlich war. Alle Gesprächsteilnehmer waren genervt und verärgert, weil sie das Zuspätkommen als Unhöflichkeit gegenüber dem Team und als schlechtes Zeitmanagement von Frau Vinster interpretierten. Die Projektleitung erklärte Frau Vinster den Sachverhalt und fragte, ob sie das nachvollziehen könnte. Frau Vinster bejahte. Die Projektleitung bat darum, dass sie künftig pünktlich zu den Sitzungen erscheine, andernfalls müsste sie in das fensterlose Zimmer neben dem Sitzungsraum umziehen, damit sie gleich greifbar wäre. Frau Vinster überlegte, wie sie die Situation verbessern könne, und schlug vor, in Zukunft eine Kollegin zu bitten, sie zu den Besprechungen mitzunehmen.

Sprechen Sie immer über die Sache, nicht über den Menschen. Vergewissern Sie sich, dass Sie den Sachverhalt tatsächlich kennen, und sprechen Sie den Fehler direkt an. Lassen Sie den Kritisierten Stellung dazu nehmen und entwickeln Sie gemeinsam Lösungen zur Fehlervermeidung. Bitte führen Sie Kritikgespräche immer unter vier Augen – niemals vor Dritten!

Zielgenaue Kommunikation: So versteht Sie Ihr Gegenüber

Wenn Sie mit jemandem kommunizieren, ist es wichtig, dass der andere Sie versteht. Sie können sich dazu des Sinneskanals bedienen, den Ihr Gegenüber bevorzugt benutzt. Wen haben Sie vor sich und auf welchem Sinneskanal können Sie Ihr Gegenüber am besten erreichen? Wenn Sie sich an seiner Wortwahl orientieren, sind Sie auf der richtigen Spur. Menschen, die den visuellen Wahrnehmungskanal bevorzugen, erkennen Sie an Äußerungen wie »Schauen Sie, ich meine …« oder »Dann habe ich gesehen, dass …«. Auditive Gesprächspartner verwenden Worte, die Laute wiedergeben, zum Beispiel: »Dabei haben mir die Ohren geklingelt.« Oder: »Sie hören aber auch das Gras wachsen.« Oder: »Hören Sie zu, was ich meine, ist …« Dann gibt es noch die gefühlsorientierten Kinästheten, die gern den Blick nach unten richten und Worte wie »fühlen«, »spüren«, »erleben« im Repertoire haben.
Finden Sie heraus: Welche Interessen verfolgt Ihr Gesprächspartner? Woran ist er interessiert und welchen Nutzen könnte er von Ihrer Mitteilung haben?

Kurz & bündig

- ❑ Sagen Sie, was Sie wollen – deutlich, klar, selbstbewusst und positiv. Bleiben Sie dabei dem anderen gegenüber wertschätzend. Reden Sie miteinander (!) und hören Sie einander zu.
- ❑ Meiden Sie emotionale Reaktionen und konzentrieren Sie sich auf die Sachebene. So können Sie offen über schwierige Themen sprechen, denn Unangenehmes zu meiden, bis es zur Gewohnheit wird, ist gefährlich.
- ❑ Gute und reibungslose Kommunikation nach innen und außen erhöht den Geschäftserfolg jedes Unternehmens. Schaffen Sie eine positive Gesprächsatmosphäre. Kommunizieren Sie wertschätzend und klar.
- ❑ Achten Sie auf kulturelle Unterschiede in der Kommunikation – die Vielfalt bringt's, wenn sie einbezogen wird. Hören Sie gleichzeitig genau und intuitiv zu. So erkennen Sie, was nicht gesagt, aber gemeint wurde.
- ❑ Nutzen Sie Empathie, fühlen Sie sich in Ihr Gegenüber ein. Zeigen Sie Verständnis. Authentizität siegt. Bleiben Sie sich treu, so wirken Sie aufrichtig und glaubwürdig.

8 Unverzichtbar: Unterstützungsstrukturen

Die Einsamkeit hat mich gelehrt, dass das Zusammensein mit anderen etwas ziemlich Schönes ist. Und das Zusammensein mit anderen hat mich gelehrt, dass die Einsamkeit etwas ziemlich Schönes ist. Und so habe ich viel Abwechslung und ein ziemlich schönes Leben.

Günter Radtke

Im Business werden Sie immer auf Hilfe und Unterstützung angewiesen sein, um sicher voranzukommen, Ihre Interessen konstruktiv zu vertreten, Ihren Einflussbereich zu erweitern, Ihre Ideen durchzusetzen, Ihre Ziele zu verwirklichen und erfolgreich Karriere zu machen. Ob man Karriere gemacht hat, lässt sich meist erst im Nachhinein bewerten. Eine Karriere kann linear von unten nach oben, aber auch horizontal auf gleicher Ebene von Einflussnahme zu Einflussnahme gelingen. In jedem Fall ist sie mit Veränderungen und Wandel behaftet – ohne geht es nicht. So wie Sie beim Gehen immer einen Fuß in der Luft haben, so ist es auch beim Vorwärtskommen im Beruf. Deshalb ist es wichtig, dass Sie sich Unterstützungsstrukturen schaffen, die Ihnen helfen, sicher Ihren Weg zu finden und zu gehen. Wenn Sie sich dabei an Sprossen einer Leiter orientieren oder Stepping Stones nutzen können, gelingt es Ihnen leichter.

Sobald Sie die Spielregeln im Unternehmen etwas besser durchschaut haben, ist es an der Zeit, sich diese Strukturen in Form eines persönlichen Netzwerks aufzubauen. Dazu gehören sowohl firmeninterne Schlüsselpersonen, also Förderer und Fürsprecher, als auch Mentoren außerhalb des Unternehmens sowie alle Unterstützer und Verbündeten, die Sie finden und denen Sie vertrauen können. Damit meine ich weder innige Bürofreundschaften noch Cliquenbildung oder Kungelei, sondern Menschen, die Sie und Ihre anstehenden Vorhaben unterstützen können und dies vermutlich auch tun wollen.

Unterstützer finden

Halten Sie Ausschau nach Menschen, die ähnliche oder gleiche Interessen wie Sie verfolgen und keine direkte Konkurrenz für Sie darstellen, die wichtige Leute kennen oder über Informationen verfügen, die für Sie wichtig und hilfreich sind. Schauen Sie sich um – innerhalb und außerhalb des Unternehmens unter Kollegen und Kolleginnen, Mitarbeitern anderer Abteilungen oder Divisionen, Projektverantwortlichen, Netzwerk-Partnern, High Potentials, möglichen Multiplikatoren und Mentoren.

Schlüsselpersonen

All diese Menschen könnten für Sie Schlüsselpersonen sein, die Ihnen Türen öffnen oder, im negativen Fall, auch verschließen. Schlüsselpersonen finden Sie unter Kollegen und Mitarbeitern ebenso wie unter Vorgesetzten, internen und externen Kunden. Sie haben Einfluss und können die Meinungen, Entscheidungen und Einstellungen anderer beeinflussen. Es ist wichtig für Ihren Erfolg, solche Menschen für Ihre Pläne zu gewinnen und sich einen »Schlüsselbund« aufzubauen, der aus Karriereförderern (die Sie weiterbringen), Projektunterstützern (die Ihrer Sache verpflichtet sind), Türöffnern (die Ihnen informelle Kanäle erschließen) und einem »Vertrauensmenschen« oder Mentor bestehen, mit dem Sie Probleme besprechen können, ohne zu befürchten, dass sie weitergetragen werden. Erschließen Sie sich also einen Personenkreis, der Ihnen mit Rat und eventuell auch mit Tat zur Seite steht.

Tipp

Woran Sie Schlüsselpersonen erkennen:

- Sie werden um Rat gefragt und ihre Empfehlung wird berücksichtigt.
- Vor einer wichtigen Entscheidung holt man ihre Zustimmung ein.
- Schlüsselpersonen sind gut vernetzt – oft mit weiteren Schlüsselpersonen.
- Wenn sie einen Raum betreten, bemerkt man sie, auch wenn sie zurückhaltend und unscheinbar wirken.
- In Meetings bekommen sie den Kaffee zuerst serviert beziehungsweise die anderen warten, bis sie sich bedient haben.
- Schlüsselpersonen haben eine Leuchtturmfunktion. Andere orientieren sich an ihnen, das heißt, man blickt erst zu ihnen, wenn eine Frage im Raum steht.

Mentoring ist gefragt

Im Business-Kontext ist ein Mentor/eine Mentorin eine erfahrene, kluge Person, die ihre weniger erfahrene Mentee unterstützt, beruflich voranzukommen. Professionelles Mentoring ist ein strukturierter Prozess, in dem die Holschuld bei der Mentee liegt. Das heißt, die Mentee holt sich die Unterstützung, die sie braucht, bei ihrem Mentor/ihrer Mentorin ab. Unternehmensinterne Mentoring-Programme orientieren sich an Karrierefortschritt und beruflichem Engagement. Sie unterstützen die förderungswürdigen High Potentials und Talente bei ihrem Aufstieg innerhalb des Unternehmens.

Sie können sich jedoch auch außerhalb des Unternehmens einen Mentor suchen. Suchen Sie sich jemanden, den Sie bewundern, von dem Sie lernen möchten und mit dem Sie sich verstehen könnten, und fragen Sie, ob diese Person bereit dazu wäre. Überlegen Sie sich im Vorfeld, was diese Person davon haben könnte, ihr Mentor zu sei, zum Beispiel ehrliche Informationen von der Basis. Eigeninitiative ist gefragt, es geht um Ihre Karriere!

Gezieltes Netzwerken

Wer netzwerkt, baut gezielt ein Beziehungssystem auf, das Vorteile schafft, zum Beispiel bei einer eventuellen Jobsuche. Brian Uzzi, Professor an der Kellogg School of Management, beurteilte in seiner Netzwerkstudie als karriereförderlich nur die Beziehungsgeflechte, in denen die Mitglieder nicht aus demselben Beruf, Interessenbereich oder Umfeld stammen. Erst die unterschiedlichen Sichtweisen und Sozialgruppen erweitern den eigenen Wirkungsradius. Es ist also wichtig, dass Sie wissen, mit wem Sie warum Kontakt suchen, und gezielt vorgehen, wobei Klasse vor Masse geht.

Gute Netzwerker geben zuerst – sie steuern Wissen und Hilfreiches bei, ohne gleich eine Gegenleistung zu erwarten. Sie sind zurückhaltend mit Ratschlägen, halten losen Kontakt miteinander und lösen gegebene Versprechen ein. In keinem Fall erwecken sie den Anschein, ihr Gegenüber nur aus Berechnung zu kontaktieren, sondern verknüpfen geschickt persönliche Sympathie mit beruflichem Kalkül, wobei beides auf Gegenseitigkeit beruhen sollte, vor allem die Einzahlungen und Abhebungen bei der Favor-Bank (Seite 125).

Weiterführende Informationen finden Sie in den Büchern zum Thema Netzwerken in den Literaturempfehlungen am Ende des Buches.

Schlüsselpersonen sind wie Schlüssel und Schloss

Schlüsselpersonen, ganz gleich welcher Art, sind wie ein guter Schlüssel. Wenn Sie und Ihr Gegenüber sich sympathisch sind und Sie beide spontan den Eindruck haben »Ja, das passt«, dann gleitet der Schlüssel wie von allein in das Schloss und es öffnen sich bereitwillig Türen. Nicht immer geht es so einfach und passt der

Schlüssel gleich reibungslos ins Schloss. Vielleicht muss man sich erst aneinander gewöhnen, um zu erkennen, wie gut man zueinander passen könnte.

To do

So können Sie das Prinzip der Passung positiv beeinflussen:

- ❑ Achten Sie darauf, worauf diese Person Wert legt. Schaffen Sie Gemeinsamkeiten.
- ❑ Beobachten Sie ihr Verhalten, und wenn es Ihnen gefällt, passen Sie sich an. Nehmen Sie sich diese Person als Modell, ohne sich jedoch selbst zu verbiegen.
- ❑ Prüfen Sie, ob diese Person souverän genug ist, Sie neben sich zu tolerieren. Oder sollten Sie dabei eher aus einer untergeordneten Perspektive heraus agieren? Wäre das für Sie ohne gleiche Augenhöhe in Ordnung?
- ❑ Welchen persönlichen Draht haben Sie zueinander? Sind Sie sich sympathisch, können Sie miteinander? Bitte bedenken Sie: Gefühle sind keine Einbahnstraße und oft bringt Ihnen Ihr Gegenüber ein ähnliches Gefühl entgegen.

Wenn Sie berufliche Beziehungen aufbauen, achten Sie bitte darauf: Geliebt zu werden ist ein menschliches Grundbedürfnis. Im Business passen Sie die Dosierung Ihrer Sympathiebezeugungen bitte der Situation und Rolle an, in der Sie sich befinden. Vermeiden Sie Unterwürfigkeit, wenn Sie im Beruf ein gesundes Vertrauen aufbauen möchten.

Vertrauen schaffen

Unterschiedliches berufliches Können, also Fachkompetenz und Expertenwissen, sollte in unterschiedlichen Abteilungen und Grup-

pen vorhanden sein. Niemand kann alles können und alles wissen. Ein konstruktives Zusammenspiel der verschiedenen Aufgaben und Pflichten bringt Erfolg. Es muss große und kleine Tiere geben. Das reicht von der Geschäftsführerin oder einer Vorstandsvorsitzenden bis hin bis zur allerkleinsten Mitarbeiterin. Jede davon ist gleich viel wert, jede ist gleich wichtig – allerdings in unterschiedlichen Rollen und verschiedenen Funktionen. Deshalb sollte Ihr erstes Ziel sein, eine tragfähige Vertrauensbasis zwischen Ihnen und den Menschen, mit denen Sie zu tun haben, aufzubauen. Gegenseitiges Vertrauen überdauert manche Krise, man kann sich einschätzen, weiß, wie man miteinander umgeht und was man aneinander hat.
Haben Sie das Vertrauen der Schlüsselperson für sich gewonnen, tun Sie das, was man mit Schlüsseln tut: Sie achten gut darauf, um sie nicht zu verlieren.

Verlieren Sie Ihren Schlüssel nicht!

- ❑ Behandeln Sie die Schlüsselperson so wie alle anderen, Ihre Kollegen, Mitarbeiter, Vorgesetzten und Kunden: zuvorkommend und höflich!
- ❑ Achten Sie auf Ausgleich. Niemand wird Ihnen etwas geben, ohne dafür auch etwas zu bekommen. Finden Sie heraus, womit Sie sich – mit Fingerspitzengefühl! – revanchieren können. Weniger ist manchmal mehr.
- ❑ Keiner lässt sich gern für die Zwecke anderer benutzen und Sie tun gut daran, jeglichen Verdacht in diese Richtung zu vermeiden.
- ❑ Auf keinen Fall sollten Sie bei anderen mit Ihrem »guten Draht zu Herrn oder Frau Wichtig« angeben – auch wenn Angela Merkel wirklich Ihre Tante ist.

Falls sich herausstellt, dass die Schlüsselperson in einer Situation nicht helfen kann oder – aus welchen Gründen auch immer – nicht helfen will, bleiben Sie freundlich. Lassen Sie sie nicht wie eine heiße Kartoffel fallen, wenn es einmal mit dem Aufschließen nicht geklappt hat. Bedenken Sie: Man sieht sich im Leben immer zweimal auf der Karriereleiter. Einmal auf dem Weg nach oben und einmal auf dem Weg nach unten. Nach oben kommt man allein mühsam. Ohne tragfähige Sprossen ist die beste Leiter gefährlich und der Weg nach unten ohne Sprossen ist ein freier Fall mit meist unsanfter Landung. Bleiben Sie Schlüsselpersonen auch dann weiterhin freundlich verbunden, wenn Sie sie nicht mehr brauchen.

Die Favor-Bank und das Gefälligkeitskonto

Ich helfe dir – du hilfst mir

Die Favor-Bank funktioniert nach dem Prinzip »Ich helfe dir und du hilfst mir«. Die Guthaben, die sie verwaltet, sind die Unterstützungen und Hilfestellungen, die man einander gibt. Die Gefallen, die man sich gegenseitig erweist, die Empfehlungen die man ausspricht, oder wenn man hilft, etwas geradezubiegen. Alles, was über das normale Maß dessen hinausgeht, was man sowieso tun sollte.
Ihre Verpflichtungen oder Schulden bei der Favor-Bank sind Gefälligkeiten, die Ihnen andere erwiesen haben. Ihre Einzahlungen bei der Favor-Bank sind Hilfen, die Sie anderen geleistet haben. Kontoauszüge bekommen Sie keine, also denken Sie bitte daran, wer Ihnen geholfen hat und wen Sie unterstützt haben.

z.B.

Ein erstes Beispiel: Sie empfehlen Ihrer Business-Partnerin einen guten Lieferanten für Büromaterial, wodurch sich diese eine Menge Geld sparen kann. Kauft Ihre Business-Partnerin dort ein, haben Sie ein Guthaben bei der Favor-Bank. Ihre Businesspartnerin »schuldet Ihnen also einen Gefallen«.
Ein zweites Beispiel: Sie haben ein großes Problem und bitten einen Kollegen um Hilfe. Dieser engagiert sich sehr für Sie und versucht alles Menschenmögliche. Leider hat er dabei keinen Erfolg. Schade, Sie sind gezwungen, Ihr Problem selbst zu lösen oder jemand anders um Hilfe zu bitten. Auch wenn Ihr Kollege in diesem Fall nicht erfolgreich war, so ist das trotzdem eine Einzahlung auf Ihre Favor-Bank – und zwar auf sein Konto, denn er hat sich für Sie eingesetzt. Das heißt, Sie schulden Ihm etwas.

Kurz & bündig

- Unterstützungsstrukturen, wie Netzwerke oder Mentoring, sind geeignete Plattformen, um ihr Profil zu stärken, an Ihrer Selbst-PR zu arbeiten, Ihre beruflichen Strategien auszuloten und, last not least, die Spielregeln zu erfahren, die für Ihr Überleben notwendig sind.
- Bei Netzwerken sollte Ihnen eine unverbindliche Schnupperphase eingeräumt werden, bevor Sie sich für oder gegen eine Mitgliedschaft entscheiden.
- Beachten Sie, dass Mentoring eine Holschuld ist.
- Bauen Sie Vertrauen auf und schaffen Sie eine Kultur gegenseitiger zuverlässiger Unterstützung. Gemeinsam gelingt Ihnen vieles besser.
- Nutzen Sie die Kontakt- und Infobörse im Fahrstuhl, im Treppenhaus oder beim Kaffeeautomaten, um neben viel Tratsch auch die ein oder andere relevante Neuigkeit zu erfahren.
- Respektieren Sie die Favor-Bank. Die Einzahlungen auf die gegenseitigen Konten sind ein wichtiger Baustein für den Erfolg im Business und im Privatleben. Nutzen Sie Ihre Guthaben in jenen Zeiten, in denen Sie Hilfe brauchen. Und erinnern Sie sich daran, wer Ihnen geholfen hat, als Sie es gebraucht haben. Ausgeglichenes Geben und Nehmen sind wichtig. Und wenn Sie einmal kräftig überziehen müssen: Hauptsache ist, Sie geben zurück, wenn Ihre Hilfe gebraucht wird.

9 Typen gibt's!

Wenn ich meinen Nächsten verurteile, kann ich mich irren,
wenn ich ihm verzeihe, nie.
Karl Heinrich Waggerl

Wer kennt sie nicht: Blender, Pedanten und Bedenkenträger, Choleriker und Tyrannen, Diven, Überflieger, Intriganten und so weiter. Sie treten – männlich oder weiblich – in fast jeder Firma auf. Es lohnt sich also, Verhalten, bevorzugte Biotope und ihre Opfer näher zu anzusehen.

Blender und Ideenklauer

Beginnen wir mit dem Blender – mehr Schein als Sein. Er findet sich bevorzugt unter anderem in Vertrieb, Marketing und Werbung. Fast jedes Mittel ist ihm recht, um im Rampenlicht zu stehen. Zum Beispiel dann, wenn er die Ideen und Leistungen anderer als die eigenen ausgibt. Deshalb besprechen Sie Ihre Ideen nur vor Zeugen und stellen Sie sicher, dass andere konkret über Ihre Leistungen Bescheid wissen – auch wenn das bedeutet, dass Sie wichtige und »ideenreiche« E-Mails nur mit großem Verteiler verschicken. In Härtefällen »füttern« Sie den Blender mit unvollständigen Informationen, dann stellt er sich beim Prahlen selbst ein Bein.

Pedanten und Bedenkenträger

Pedanten klauen nicht. Dafür sehen sie Ihnen ständig über die Schulter, hinterfragen alles und versuchen, Ihre Wissenslücken aufzudecken und zu zeigen, was sie selbst draufhaben. Meist haben sie ein gutes Fachwissen, wenngleich sie sich mit dessen permanenter Zurschaustellung ziemlich unbeliebt machen können. Sie gedeihen bevorzugt in Controlling, Finanzen und Revision. Kreativer Mut zur Lücke ist ihnen vollkommen fremd, Improvisation ein Horror. Pedanten klopfen alles genau ab und finden jeden Fehler. Sie brauchen absolute Sicherheit. Vor ihnen retten Sie sich am besten mit regelmäßigen, umfassenden Informationen, sachlichen Entgegnungen auf ihre bohrenden Fragen, Hinweisen auf das, was bisher schon gut funktioniert hat, zum Beispiel: »In den letzten

Monaten hat das Reporting tadellos funktioniert. Da könnten wir uns die Halbwochenberichte eigentlich sparen, meinen Sie nicht auch?« Und wenn das nichts nützt, überlassen Sie die Entscheidung über das weitere Vorgehen einfach dem Pedanten selbst, indem Sie fragen: »Wenn Sie die Projektergebnisse so schnell wünschen, kann ich die von Ihnen gewünschte Perfektion nicht liefern. Ist Ihnen das recht?« Diskutieren Sie nicht mit Pedanten, sondern bauen Sie Vertrauen auf – dann haben Sie es viel leichter.

Bedenkenträger erkennt man am ständigen »Ja, aber …«. Sie denken in Problemen und bremsen fast jeden Veränderungsansatz aus. Fest verankert in der »Ja, aber«-Welt, torpedieren sie jeden Wandel. Mit Sätzen wie »Das haben wir immer schon so gemacht« versuchen sie, Entwicklungen zu verhindern. Ihr Vorkommen beschränkt sich leider nicht auf Indien, wo sie nicht nur im übertragenen Sinne die heiligen Kühe hüten könnten, sondern man findet sie in 99,9 Prozent aller Unternehmen, und zwar auf allen Hierarchieebenen. Nehmen Sie ihre unvermeidbare Präsenz als Herausforderung, Ihr Vorhaben noch einmal auf Tauglichkeit und Nutzen zu überprüfen.

Überflieger und Chaoten

Gerade *Überflieger* profitieren von der Gründlichkeit der Pedanten und Bedenkenträger, tendieren sie doch dazu, ihr Terrain zu überfliegen, sich einen Eindruck zu verschaffen, gewisse Zusammenhänge zu erkennen und Details außer Acht zu lassen. Details interessieren sie weniger als das große Ganze. So werden sie zum Beispiel eine wichtige Unterlage überfliegen, das Wichtigste vermutlich erfassen und für die Detailkenntnisse einen Experten an ihrer Seite haben. Dazu eignet sich am besten ein Pedant oder ein Bedenkenträger, der mit emotionaler Intelligenz und Kommunikationsstärke den Überflieger zur Zwischenlandung zwingt.

Chaoten haben manches mit Überfliegern gemein, sind jedoch das Gegenteil von Pedanten. Ihre Papiere liegen überall herum und Organisation ist ein Fremdwort für sie. Dafür sind sie im Allgemeinen umgänglich und immer für eine Überraschung gut. Unterschätzen Sie Chaoten nicht, auch wenn sie wenig verlässlich wirken. Versuchen Sie auch nicht, ihr Chaos in Ordnung zu bringen. Wenn

Sie mit einem Chaoten zusammenarbeiten, berücksichtigen Sie, dass der Ursprung aller Ordnung im Chaos liegt.

> Lässt die meist gute Leistung eines Chaoten nach, ist er entweder über- oder unterfordert oder hat schlichtweg keine Lust mehr. Das sollten Sie vermeiden, denn Chaoten sind unverzichtbare Querdenker für das Unternehmen!

Choleriker, Tyrannen und Patriarchen

Choleriker sind Schlaganfall- und Herzinfarktkandidaten. Wie ein Vulkan ohne seismografische Überwachung brechen sie unkontrolliert aus, werden unsachlich und manchmal persönlich. Zu erkennen sind sie an ihrer Lautstärke und Unberechenbarkeit. Eine Klientin erzählte mir, dass ihr fitnessgestählter Chef in einem Wutanfall auf den Schreibtisch sprang und sie von oben herab wegen einer Lappalie zur Schnecke machte. Ist der cholerische Anfall vorüber und sieht man über die Trümmer hinweg, die er hinterlassen hat, ist die Welt wieder in Ordnung – bis zum nächsten Mal. Falls Sie gerade in einen Ausbruch geraten, sparen Sie sich sachliche Argumente oder einen emotionalen Weinkrampf. Das macht es nur noch schlimmer. Am besten ziehen Sie sich mit der Bemerkung zurück »Ich sehe, es ist gerade der falsche Zeitpunkt« und kommen wieder, wenn das Gewitter weitergezogen ist. Geht der cholerische Ausbruch unter die Gürtellinie, schalten Sie auf Durchzug und lassen Sie den Brüllaffen stehen. Manche Choleriker sind sich ihrer Charakterschwäche und des daraus resultierenden Fehlverhaltens durchaus bewusst und tauchen am nächsten Tag mit Blumen oder einer zerknirschten Entschuldigung auf, um alles wiedergutzumachen.

Tyrannen verbreiten Angst und Schrecken. Sie sind sich ihres zerstörerischen Wirkens meist gar nicht bewusst, sondern halten sich für äußerst effiziente Zeitgenossen. In Wahrheit sind sie moderne Sklaventreiber. Nur ihr Wille zählt. Dringende Aufträge um 19 Uhr, unrealistische Terminvorgaben, permanente Erreichbarkeit und Wochenendarbeit sind ihre Markenzeichen. Tyrannen finden sich meist in Führungskreisen, hören selten zu, haben immer Prinzipien, machen keine Kompromisse und gehen über Leichen. Bitte gehen Sie auch, und zwar gleich – bevor Sie ihnen zum Opfer fallen. Wenn Sie sich dem Terror gewachsen fühlen und aussetzen wollen/müssen, dann wehren Sie sich beizeiten entschieden, sachlich, detailliert und am besten schriftlich.

Patriarchen sind meist entscheidungsstark, charismatisch und visionär. Man findet sie in Unternehmerkreisen ebenso wie unter »altgedienten« Managern. Sie umgeben sich mit einer unkritischen Entourage, misstrauen dem Nachwuchs und können Führungsneurotiker sein, die Misserfolge auf andere abwälzen. Meistens mischen sie sich auch in fremde Aufgabenbereiche ein, weil sie davon überzeugt sind, allein alles am besten entscheiden zu können. Dann sollen sie es auch …

Diven, Klatschmäuler und Intriganten

Jede Firma hat ihre *Diva*. Das ist jenes männliche oder weibliche Wesen, ohne das dieses Unternehmen schon längst dem Untergang geweiht wäre. Diven sind egozentrisch, nachtragend und halten sich für verkannte Genies. Sie sind mit Glacéhandschuhen anzufassen, finden sich auf jeder Hierarchiestufe und freuen sich über häufigen und vor allem über viel Applaus. Auf Kritik reagieren sie höchst allergisch. Hält die Diva Sie, Ihre Verbindungen oder Ihr Projekt für nützlich, werden Sie gern genommen, die Frage ist nur, als was …

Der Umgang mit *Klatschmäulern* will gekonnt sein. Sie sind – egal ob männlich oder weiblich – überall anzutreffen. Sie können ihnen nicht entkommen. Wenn sie sich übergangen fühlen, können Klatschmäuler schnell zu Intriganten werden. Deshalb seien Sie freundlich, unverbindlich und nutzen Sie Klatschmäuler für Ihre eigenen Zwecke. Wenn Sie mit ihnen zu Mittag essen, werden Sie schnellstens auch nach längerer Abwesenheit auf den neuesten Stand gebracht. Sie selbst sollten ihnen allerdings nur das erzählen, was am nächsten Tag in der Betriebszeitung stehen könnte.

Intriganten schießen aus dem Hinterhalt oder schleichen sich unauffällig an, um plötzlich ihre ganze destruktive Energie zu entfalten. Sie sticheln gern und provozieren Sie zu ungeschickten oder unangemessenen Reaktionen, damit Sie sich selbst ins Abseits manövrieren. Intriganten erfinden und verteilen effizient Gerüchte, verunglimpfen alles Mögliche, mobben und verdrehen die Wahrheit auf höchst kreative Weise. Die Haltung »Das gibt sich, der läuft sich schon tot« können Sie sich sparen, denn Intriganten sind gefährlich – für Sie selbst, Ihre Karriere und für das Unternehmen. Sie können versuchen, Ihre Widersacher auszuhebeln, indem Sie Freunde aus ihnen machen – eine hohe Kunst und nicht jedermanns Sache. Auf jeden Fall sollten Sie lernen, sich von solchen Menschen zu distanzieren und ihr Verhalten gleichzeitig auf Ihrem Radar und Monitor zu behalten.

Sie werden selten herausfinden, warum man Ihnen Böses will. Vermeiden Sie – so weit möglich – Kontakt mit Intriganten. Halten Sie sich geschlossen wie eine Auster. Wehren Sie sich – sofort! Fordern Sie Beweise für die aufgestellten Behauptungen ein, informieren Sie Ihre Vorgesetzten, decken Sie die intriganten Machenschaften hieb- und stichfest auf und hoffen Sie, dass es Ihnen gelingt, diese Person schnell mundtot zu machen.

Neider

Neider gibt es überall und immer wieder. Neid ist eine menschliche Eigenschaft, die uns meistens dann überfällt, wenn andere etwas erreichen, das wir selbst gern geschafft hätten. Neid hat viele Farben und das Mittelfeld wird Ihren Aufstieg wenig goutieren, besonders diejenigen, die selbst nicht vorankommen – Männer wie Frauen. Versuchen Sie, einem Neider gegenüber ein bisschen weniger perfekt zu erscheinen. Spielen Sie Ihren Erfolg etwas herunter oder zeigen Sie, wie schwierig es war, ihn zu erringen. Oder Sie zeigen Neidern auf, wie sie selbst tolle Leistungen erbringen können. Möglicherweise können Sie Neider um Hilfe bitten und es könnte sein, dass sie vor Freude dahinschmelzen wie Aprilschnee in der Sonne – vorausgesetzt, dass sie von Ihnen lernen können. Lassen Sie sich durch Neider nicht vom Weg abbringen, machen Sie weiter. Nur Erfolgreiche werden beneidet!

Opfer und Jammerlappen

Opfertiere wurden zu Ehren eines Gottes geschlachtet, dazu waren sie da. Selten hatten sie selbst darauf Einfluss, deshalb sind Opfer und Jammerlappen auch nie selber schuld. Sätze wie »Hätte der Kollege die Daten rechtzeitig geliefert, wäre ich pünktlich fertig geworden« und »Wenn ich nicht im Stau festgehalten worden wäre, hätte ich die Sitzungsvorbereitung locker geschafft« hört man mit viel Konjunktivgeklingel ständig von ihnen. Es sind immer die anderen, die widrigen Umstände und so weiter, wenn etwas nicht funktioniert, und sie selbst versinken in Selbstmitleid ob der bösen Welt.

> So wie die Mimose zu den widerstandsfähigsten Pflanzen gehört, ist auch das Opfer alles andere als ein hilfloses, schwaches Wesen. Durch das permanente Jammern zwingt es das Gegenüber in die Täterrolle und bürdet ihm damit ein fortwährend schlechtes Gewissen auf.

Harmoniesüchtige und Mitläufer

Die *Harmoniesüchtigen* sind sooo hilfsbereit, sooo nett und überwiegend weiblich. Sie wollen es allen recht machen, können weder Nein sagen noch Grenzen ziehen. Sie versprechen Dinge, die sie nicht einhalten können, und verursachen dadurch Probleme. Harmoniesüchtige brauchen eine gute Struktur und klare Vorgaben. Als strategische Partner sind sie ebenso wenig geeignet wie Opfer – beide sind wankelmütige Kandidaten, die keine Verantwortung für das eigene Tun und Lassen übernehmen.

Mitläufer hängen ihr Fähnchen nach dem Wind und versuchen, stets auf der Gewinnerseite zu sein, was ihnen selten gelingt. Sie sind diejenigen, die es hinterher immer besser gewusst und es schon gesagt haben. Alles, nur keine Verantwortung übernehmen!

Pioniere und Visionäre

Pioniere und *Visionäre* sind – ebenso wie die Chaoten – eine Klasse für sich. Sie erforschen Unbekanntes, stellen Bekanntes infrage und verfügen meist über ein unerschütterliches Selbstvertrauen. Sie gehen ihren Weg – auch allein, wenn es sein muss. Sie punkten mit Höchstleistungen und können ebenso grandios scheitern. Oft merkt man (leider!) erst viel später, was man an ihnen hatte. Geben

Sie ihnen eine faire Chance – oftmals sind sie einfach ihrer Zeit voraus. Bitte bedenken Sie das, bevor Sie vorschnell (fehl-)urteilen. Anders verhält es sich mit den *Nullen*. Sie sind auf der höchsten Stufe ihrer Inkompetenz angelangt. Ihnen dies zu zeigen ist gefährlich, wenn sie Ihre Vorgesetzten sind. Sichern Sie sich ab, damit Ihnen kein Fehler in die Schuhe geschoben wird. Seien Sie diplomatisch und verkaufen Sie ihnen Ihre Ideen in dem Glauben, dass sie selbst darauf gekommen sind. Führen Sie sie am unsichtbaren Gängelband, so kommen Sie weiter.

Nullen

Kurz & bündig

Diese Typensammlung ist weit davon entfernt, vollständig zu sein. Ich habe nur die wichtigsten herausgegriffen. Alle Typen treten sowohl in Mischformen als auch in männlicher und weiblicher Prägung auf.

- ❑ Jeder Mensch trägt gewisse Anteile dieser Typen in sich, also können Sie ruhig ehrlich zu sich sein. Wir sind alle keine Engel und agieren im Beruf oft nach dem Motto: Der Zweck heiligt die Mittel. Diese Einstellung ist zwar grundsätzlich karrierefördernd, hat aber ihre Tücken. Versuchen Sie es lieber mit der Haltung: »Was du nicht willst, dass man dir tu', das füg auch keinem andern zu.«
- ❑ Lassen Sie sich keinesfalls provozieren. Bleiben Sie freundlich und sachlich. Wenn es nicht anders geht, beißen Sie in die Schreibtischplatte – und dann ab zum Zahnarzt oder zum externen Coach.

- Angepasst an die Situation, Ihre persönliche Integrität und Ihren eigenen Wertekodex, können Sie so für mehr Fairness im Unternehmen sorgen und einen positiven Beitrag zum Betriebsklima leisten. Sollte Ihnen das mit den dort vorhandenen Typen nicht gelingen, verfahren Sie am besten nach dem Zwei-Ohren-Prinzip: Zum einen hinein, zum andern hinaus – und ärgern sich nicht über etwas, das Sie sowieso nicht ändern können.

10 Professionelles Miteinander im Business

So viele Male schaut der Wille durchs Fenster,
ehe die Tat durchs Tor geht.
Erasmus von Rotterdam

Der Business-Dschungel ist bunt, die Gesetze sind vielfältig

Jedes große Ganze besteht aus vielen kleinen Teilen, die unterschiedlich aussehen, unterschiedliche Farben haben, sich unterschiedlich anfühlen und prima ergänzen können. Um diese Vielfalt zu managen und ein sinnvolles Miteinander zu erreichen, sind Regeln und Strukturen nötig. Klare Regeln zeigen, was geht und wo die Grenzen sind. Strukturen helfen, die unterschiedlichsten Prozesse und Abläufe sicher zu steuern. Ohne dies lässt sich kein übersichtliches Ganzes darstellen. Bevor Sie im Chaos landen, empfehle ich Ihnen, die geltenden Regeln und Strukturen zu beachten, bis Sie den kompletten Durchblick und die Power haben, sie zu optimieren.

In jedem Business wird es große und kleine Tiere geben. Das reicht von der Geschäftsführerin oder Vorstandsvorsitzenden bis hin zum allerkleinsten Mitarbeiter, den man kaum sieht. Jede(r) davon ist gleich viel wert. Jede(r) ist gleich wichtig – unabhängig von seiner Funktion und Rolle im Unternehmen.

Das Dschungelgesetz »Fressen und gefressen werden« gilt überall. Jedes Tier, jede Pflanze ist Teil der Nahrungskette und des ökologischen Systems. Im Business ist es genauso. So sehr mir dieses Wort »Hackordnung« und der Spruch »Ober sticht Unter« widerstreben, drücken sie doch deutlich aus, was gemeint ist. Es ist der/die Mächtige, der/die letztlich das Sagen hat und dessen/deren Entscheidungen man sich beugen muss. Manchmal sind diese richtig, manchmal leider nicht, wie uns die jüngste Wirtschaftskrise beweist. Manchmal sind sie gerecht, manchmal eben nicht. Manchmal sind sie diskutabel und durch gute Argumente beeinflussbar, manchmal muss man sich fügen.

STOP Seien Sie achtsam, bevor Sie agieren oder reagieren. Bedenken Sie Ihre eigene Position, wenn Sie widersprechen oder sich auflehnen, und bewahren Sie sich Ihre Werte und Ihre Selbstachtung. Denken Sie daran: Love it, change it or leave it. Sie müssen nicht bleiben, es ist nur ein Job!

»Wer zahlt, schafft an« ist ein weiterer nicht von der Hand zu weisender Spruch. Wir werden für unsere Arbeit bezahlt. Meist von dem Unternehmen, für das wir arbeiten. Das Unternehmen setzt uns dort ein, wo wir gebraucht werden. Wenn Ihnen daran etwas nicht gefällt: Was können Sie ändern? Inwieweit können Sie sich anpassen, ohne sich zu verbiegen?

Beim »Spielchen spielen« im Business geht es um handfesten Gewinn und Verlust. Dahinter kann vieles stecken, wie zum Beispiel Machtstreben, Ehrgeiz, Dominanz, Intrigen und so weiter. Bestimmte Interessenlagen, Ziele oder Wünsche liegen diesen Spielen zugrunde. In den allerseltensten Fällen wird zum Spaß gespielt. Jedes »Spiel« in Business und Büro sollte Nutzen bringen. Die Spielregeln sollten klar sein und der Wettkampf fair. Niemand kann immer gewinnen – niemand wird nur verlieren!

Niemand ist eine Insel

Die meisten Tiere und Pflanzen des komplexen Dschungelsystems sind aufeinander angewiesen, um zu überleben und um gemeinsam Feinde von außen abzuwehren. Sie verbinden sich zu Gruppen mit unterschiedlichen Aufgaben und Interessen. Im Business nennt man dies Zweckgemeinschaften, die auf gemeinsamen geschäftlichen Zielen basieren. Trotz des herrschenden Konkurrenzdenkens brauchen Sie Menschen, mit denen Sie Gemeinsamkeiten haben und denen Sie persönliche Wertschätzung entgegenbringen. Sie brauchen Menschen, die Ihnen wohlgesinnt sind. Die braucht jeder, unabhängig von der Hierarchieebene, auf der er sich befindet. Dies sind keine rein privat-emotionalen Beziehungen wie bei persönli-

chen Freundschaften, sie sind ganz anders gelagert! Hier geht es um gemeinsame Interessen im geschäftlichen Umfeld unter Berücksichtigung des zwischenmenschlich-sachlichen Miteinander-Könnens. Das heißt konkret: Mit Feinden werden Sie sich nur dann verbünden, wenn es nicht anders geht und dem Erfolg Ihrer Sache dient. Man tut sich am liebsten mit jemandem zusammen, der helfen kann und helfen wird: Menschen, die Sie kennen, die Ihnen sympathisch sind und das Gleiche für Sie empfinden – ohne Ihre persönlichen Freunde zu sein.
Im Großen sind das berufliche Verbände und fachliche Verbindungen oder Gruppierungen. Im Persönlichen sind interne wie externe Netzwerke gemeint, Schlüsselpersonen, Kollegen/Kolleginnen, Mitarbeiter und Mitarbeiterinnen. Abhängig von der aktuellen Situation sind diese Verbindungen mal enger, mal lockerer.

- ❑ Achten Sie auf ausgeglichenes Geben und Nehmen!
- ❑ Halten Sie den Kontakt locker aufrecht, auch wenn Sie weniger miteinander zu tun haben. Mit einer interessanten (!) Mail oder nützlichen Hinweisen zwischendurch.

Für ein gelingendes Miteinander erinnern Sie sich daran, dass sich im Dschungel eine einzigartige Vielfalt auf unterschiedlichsten Ebenen in verschiedensten Geschwindigkeiten bewegt. Lernen Sie, Situationen und Ihre Mitmenschen so zu nehmen, wie sie sind. Ärgern bringt wenig, orientieren Sie sich stattdessen an Fakten.
Um sich aufeinander zu verlassen, muss man das Gegenüber kennen und zumindest einschätzen können. Dazu sind wir auf gegenseitige Signale angewiesen, ohne die kein Austausch möglich ist. Unser Gegenüber muss erkennen, wie wir »drauf« sind, und um uns zu »outen«, brauchen wir Vertrauen ineinander und gegenseitige Wertschätzung.
Lernen Sie die anderen kennen. Erlauben Sie den anderen, Sie kennenzulernen. Seien Sie offen und ehrlich im Rahmen dessen, was im Business sinnvoll erscheint. Stehen Sie zu sich und zu dem,

was Ihnen wichtig ist. Nur so können Sie auch eindeutig zu den anderen stehen und glaubwürdig sein.

> Nur wer die Regeln kennt, darf sie verletzen. Wenn Sie eine Top-Spielerin sind und Sie das Spiel gewonnen haben, verzeiht man Ihnen manches. Wenn nicht – dann sind Sie draußen!

Bevor Sie jemanden beneiden, begeben Sie sich innerlich in dessen Situation. Mit allen Konsequenzen. Ist wirklich alles Gold, was glänzt? Wenn ja, könnten Sie ebenfalls so gut wie der/die Beneidete sein? Mal ehrlich: Weshalb sind Sie es dann nicht?
Verbreiten Sie Fairness und positive Stimmung. Behandeln Sie andere so, wie Sie es sich wünschen, behandelt zu werden. Meiden Sie Klatsch und Tratsch, ohne sich unbeliebt zu machen. Trauen Sie keinen Gerüchten, bevor sie sich konkretisiert haben.
Bevor Sie urteilen, betrachten Sie die Situation durch die Brille des Betroffenen und überlegen Sie sich, wer Sie sind und wer Sie sein wollen.
Faule Kompromisse stinken – Ihnen und den anderen. Emotional-sachlich und konstruktiv suchen Sie nach Situationen, Lösungen und Ergebnissen, mit denen alle Beteiligten leben können. (Siehe Seite 171 »Konflikte«.)

Auf der Karriereleiter sieht man sich meist zweimal

Beim Aufstieg können Sie sich an einem Vorbild orientieren, das Ihrer Vorstellung von oben entspricht. Beim Abstieg sind Sie hoffentlich selbst eines gewesen. Was immer Sie tun oder lassen: Verbiegen Sie sich nicht über Ihre Flexibilität hinaus. Das Leben hat so viel mehr zu bieten als nur Business und Büro!
Wenn Sie im Beruf »Everybody's Darling« sein wollen, vergessen Sie das bitte ganz schnell. Im Beruf haben Sie neben Ihrer einzigartigen Persönlichkeit stets auch eine Rolle und Funktionen, die von Ihnen verlangen, sich so oder anders zu verhalten. In Ihrer Rolle beziehungsweise Position und in der jeweiligen Funktion werden Sie im Unternehmen gesehen und unterwegs sein.

Unabhängig davon, in welchem Unternehmen Sie sich befinden, werden Ihnen immer wieder Menschen begegnen, mit denen Sie aus verschiedensten Gründen nicht können oder die Sie sogar offen ablehnen. Das hat oft mit Ihrer Position beziehungsweise Funktion zu tun und seltener etwas mit Ihnen als Person – also nehmen Sie es bitte nicht gleich persönlich!
Einige Beispiele zur Verdeutlichung:

Nehmen Sie's nicht persönlich!

- Sie haben ein Projekt erfolgreich zu Ende gebracht. Trotzdem kann jemand anders aus Ärger darüber, es selbst nicht so gut geschafft zu haben, Sie ablehnen und Ihnen den Erfolg vermiesen. Beziehen Sie solche Kommentare nicht auf sich persönlich, sondern erkennen Sie die vier Seiten der Nachricht und die Selbstoffenbarung desjenigen, der spricht.
- Sagt eine Mitarbeiterin: »Frau Gerstner ist eine tolle Frau. Ich bewundere, wie sie das alles unter einen Hut bekommt. Aber ihre Art zu entscheiden, gefällt mir gar nicht.« Damit ist vielleicht Frau Gerstners Funktion als Führungskraft gemeint. Oder die Meinung entsteht aus der »inneren Realität« des anderen, also aus dessen eigenem Kopftheater, das nicht verstehen kann, dass man, um viele Dinge unter einen Hut zu bringen, auf eine gewisse Weise entscheiden muss.
- Sie erinnern den anderen mit Ihrer Art an eine Person, die er partout nicht verknusen konnte. So wie es mir erging, als ich auf einer Veranstaltung jemand sah, der mir absolut unsympathisch war, ohne dass ich mit dieser Person ein Wort gesprochen hatte. Erst durch gründliches Nachdenken und Nachspüren wurde mir bewusst, dass diese Person die gleiche Gesichtswarze hatte wie meine Tante, die der Schrecken meiner Kindheit war.
- Sie sind einfach nur schlank, obwohl Sie gut essen, und Ihr Gegenüber nimmt beim Lesen des Fettgedruckten in der Zeitung schon zu.

Sicherlich kennen Sie ähnliche Beispiele aus Ihrem Leben und können diese Liste mit Ihren eigenen Erfahrungen ergänzen. Aus welchen unbewussten Quellen das Gefühl und die Wahrnehmung schöpfen, kann frau nur durch Hinterfragen der jeweiligen Situation ansatzweise herausfinden.

Der Kunde bezahlt Ihr Gehalt

Dieser Tatsache sollten Sie sich stets bewusst sein. Ihre Kunden sind zum einen die normalen Kunden in einer Geschäftsbeziehung, die etwas bei Ihnen kaufen oder denen Sie etwas verkaufen wollen. Das sind externe Kunden, die sich außerhalb des Unternehmens befinden, in dem Sie arbeiten. Zum anderen gibt es die internen Kunden, zum Beispiel andere Fachabteilungen innerhalb der Firma, Ihr Chef oder ein Projektverantwortlicher, dem Sie zuarbeiten oder von dem Sie etwas wollen. Die Kundenwelt ist bunt und mag auf den ersten Blick etwas verwirren. Einige grundsätzliche Regeln helfen Ihnen, den Durchblick zu bewahren:

- ❑ Verinnerlichen Sie den Servicegedanken »Was kann ich für Sie tun?«, und bieten Sie Lösungen an. Schlechter Service spricht sich wesentlich schneller herum als guter.
- ❑ Seien Sie kreativ und denken Sie schon heute daran, was Ihre Kunden morgen brauchen können. Ein vorausschauender Dienst am Kunden wird positiv bemerkt.
- ❑ Sachliches Entgegenkommen und Freundlichkeit sind ein Muss! Wenn Sie möchten, dass Ihre Firma oder Ihre Abteilung auch weiterhin floriert und fortbesteht, hilft ein bisschen Extra obendrauf.

Wenn Kunden schwierig werden

Der Umgang mit Kunden ist einfach, wenn alles im grünen Bereich ist. Die Herausforderung beginnt, wenn es schwierig wird. Sie beginnt bei persönlichen Animositäten und kleinen Missverständnissen über Produkte, Formalitäten oder Zuständigkeiten und kann zu richtigen Schwierigkeiten eskalieren.
Wie zum Beispiel bei unangemessenen Forderungen oder unverschämtem Verhalten des Kunden. Wenn mehr Rabatt gefordert

wird, als die Gewinnmarge zulässt, und emotionale Erpressung folgt, wenn die überzogene Forderung nicht erfüllt wird. Solche und ähnliche Situationen sollten Sie mit professioneller Sachlichkeit abfedern und den Kunden dort abholen, wo er gerade steht. Lassen Sie den anderen ausreden, fragen Sie gezielt nach, was Ihr Gesprächspartner konkret meint, sprechen Sie langsam und lassen Sie sich nicht von der Emotionalität Ihres Gegenübers anstecken. Bleiben Sie auf der Sachebene (Worum geht es?) und nutzen Sie die Emotionsebene (Wie möchte der Kunde/die Kundin behandelt werden?).

Service ist das A und O

Manchmal braucht es klare Worte, die stets in freundlichem Ton ausgesprochen werden, egal wie emotional der Kunde ist. Aufgebracht reklamierenden Kunden bringen Sie bitte Verständnis für ihre Unannehmlichkeiten entgegen. Suchen Sie gemeinsam nach Lösungsmöglichkeiten und orientieren Sie sich am absoluten Servicegedanken. Fragen Sie Ihren Kunden, wie Sie jetzt am besten helfen können, wie die optimale Problemlösung aussieht. Sprechen Sie immer im Konjunktiv, der Möglichkeitsform, zum Beispiel: »Wie könnten wir Sie trotzdem zufriedenstellen?« »Wie würden Sie sich die optimale Problemlösung vorstellen?« Dann klären Sie je nach Zuständigkeitsbereich für sich, mit relevanten Ansprechpartnern im Team oder mit Vorgesetzten, was möglich ist, und geben Ihrem Kunden unverzüglich Rückmeldung. Manchem Kunden ist schon geholfen, wenn er das Gefühl hat, man kümmert sich zuverlässig um die Problemlösung. Oft sind es die kleinen Dinge, die einen großen Unterschied machen.

STOP Sparen Sie sich Hinweise auf mögliches Fehlverhalten eines internen oder externen Kunden oder auf seinerseits nicht eingehaltene unternehmensinterne Prozesse, solange der Kunde emotional aufgeladen ist.

Erkennen Sie im Bereich Kundenbeziehung Defizite bei sich, erweitern Sie Ihre Kompetenz in Vertriebs- und Kundenorientierung in entsprechenden Seminaren oder Büchern (siehe Literaturempfehlungen). Neben sogenanntem Kundenmanagement lernen Sie dabei viel über gelingende Kommunikation und nehmen als Selbsterfahrung mit, wie Sie von anderen wahrgenommen werden.

Business-Spielregel: Es ist viel teurer, einen neuen Kunden zu gewinnen, als einen bereits vorhandenen zu behalten. Kunden kaufen nicht nur mit dem Kosten/Nutzen-Denken, sondern auch aus Sympathie. Mein Rat: Bleiben Sie im Ton verbindlich, auch wenn es unangenehm wird.

Kollegen und Kolleginnen – gekonnter Umgang auf gleicher Ebene

Unabhängig davon, auf welcher Hierarchieebene Sie sich befinden: Immer werden Sie Kolleginnen und Kollegen haben. Das Wort »Collega« kommt aus dem Lateinischen, bedeutet Mitabgeordneter und gilt im weitesten Sinne heute noch. Gemeinsam sind Sie vom Unternehmen abgeordnet, um für das Wohl des Unternehmens (dazu gehören alle beteiligten Mitarbeiter) zu arbeiten. »Kollegial« bezeichnet ein hilfsbereites Miteinander. Dazu gehören folgende Verhaltensweisen:

So gelingt das Miteinander

- Schaffen Sie untereinander gegenseitige Verbindlichkeiten nach dem Motto: »Ich helfe dir und du hilfst mir«, auch wenn Sie in dem Moment in Vorleistung gehen und Ihr Gegenüber noch nichts für Sie getan hat. Irgendwann kommt der Moment, in dem Sie zur Favor-Bank gehen und etwas abheben werden. Mehr zu den Kontenbewegungen und der Favor-Bank finden Sie auf Seite 125.
- Wenn es in der kollegialen Beziehung kriselt, könnte es sich um Missverständnisse handeln. Unterscheiden Sie zuerst für sich zwischen Ihrer Fähigkeit zur Kooperation und Ihrer Bereitschaft dazu. Fähig zur Kooperation sind wir meistens, voraus-

gesetzt, wir haben das nötige Handwerkszeug, Informationen, Material und fachliches Wissen, um die anstehende Aufgabe zu meistern. Ist dies weder gegeben noch herstellbar und haben Ressentiments die Oberhand gewonnen, stellt sich die Frage, ob wir kooperieren wollen. Hand aufs Herz: Was hält Sie ab, mit Kollegin Maier zusammenzuarbeiten? Wie könnte eine Situation aussehen, in der es Ihnen leicht fiele? Wie könnte es Ihnen gelingen, diese Situation herzustellen? Mehr zur Konfliktlösung finden Sie auf Seite 171.

- ❑ Selbstverständlich können und müssen Sie im Kollegenkreis klare Grenzen setzen und Nein sagen, wenn Sie Nein meinen. Das ist wichtig, um faule Kompromisse zu vermeiden und möglichen Konflikten proaktiv zu begegnen. Zum Beispiel wenn Sie zum hundertsten Male mit Kollegin Müller den Frühdienst tauschen sollen und Ihnen das nicht mehr passt. Reden Sie nicht lange um den heißen Brei herum. Sagen Sie freundlich und bestimmt Nein.
- ❑ Vermeiden Sie die Rechtfertigungsfalle! Wenn Widerspruch kommt – und das ist sehr wahrscheinlich –, müssen Sie Ihre Entscheidung nicht begründen. Sie lassen sie einfach so stehen. Falls Sie möchten, können Sie Gründe nennen, allerdings kurz, knapp und sachlich! Nehmen Sie Stirnrunzeln, Verstimmung, miese Laune und Kommunikationsabbruch unkommentiert als Zeichen, dass bei Ihrem Gegenüber die Lernphase einsetzt, dass man mit Ihnen eben nicht alles machen kann. Diese auf den ersten Blick negativen Anzeichen sind positive Hinweise dafür, dass Ihre Entscheidung zugunsten der eigenen Seelenhygiene richtig war. Sie gewinnen an persönlicher Klarheit, kollegialem Respekt und vor allem an Profil, wenn Sie zu dem stehen, was Ihnen wichtig ist.
- ❑ Frauen haben einen ausgeprägten Sinn für die unausgesprochenen Bedürfnisse anderer. Achten Sie bitte darauf, dass Sie Nein sagen, bevor Sie sich überfordern oder gar total verausgaben. Ein guter Indikator dafür sind Überstunden, Unerledigtes oder halb Erledigtes und eine gewisse Unzufriedenheit.

- ❑ Kollegiale Hilfsbereitschaft empfiehlt sich jedoch, wenn Kollegin Maier unter ihrer Arbeitslast in die Knie geht und Sie freie Kapazität haben.

Achten Sie auf das richtige Maß an Nähe und Distanz!

Richtig ist, dass zu viel (!) Kollegialität und innige Teamarbeit problematisch sein können, wenn Sie eine höhere Position in der Unternehmenshierarchie anstreben. Achten Sie auf eine gesunde Mischung von Nähe und Distanz im Kollegenkreis, denn auf höherer Leitungsebene geht es um Handlungssicherheit, Entscheidungssicherheit für die Durchsetzung und Priorisierung festgelegten Ziele sowie um Führungs- und Problemlösungskompetenz.

Teams – effizient unterwegs

»Toll, ein anderer macht's«, das ist in vielen Unternehmen das Akronym für eine der wichtigsten Spielergruppen im Unternehmen. Diese Haltung ist unproduktiv, abwertend und schadet allen Beteiligten, vom Individuum bis hin zum Unternehmen und den von der Teamarbeit Betroffenen. Teams sind auf allen Hierarchieebenen und Bereichen vertreten, weil kein Einzelner mehr über alles Know-how verfügt, das die Komplexität des heutigen Business von uns fordert. Funktionierende Teams sind wichtig, um das harte Spiel um Wettbewerbsanteile, Marktpräsenz oder Innovationen zu gewinnen. Sie bestehen aus Spielern oder Spielerinnen mit unterschiedlichstem Spezialwissen und sind geprägt vom Dienstleistungsdenken, das sich an der gemeinsamen Sache orientiert. Sie bedürfen hoher Problemlösungskompetenz, weil Teams aus Individuen mit eigenen Bedürfnissen und Zielen bestehen. Der Fokus liegt auf dem großen Ganzen – dem Projekterfolg – und persönliche Egotrips liegen in der Teamarbeit voll daneben. Deshalb meint man, dass sich Frauen besonders gut eignen, im Team zu spielen, und dies auch über einen Telearbeitsplatz von zu Hause aus mit der Kinderbetreuung realisieren können. Teams können gemeinsam vor Ort sitzen oder virtuell weltweit über Webkonferenzen verbunden sein. Viele Teammitglieder teilen ihre Arbeitszeit auf mehrere Teams auf oder sind nur teilweise im Teamgeschehen involviert. Verordnen Sie Teams bitte keine Harmonie! Die Teammitglieder müssen sich miteinander auseinandersetzen, um produktiv zu sein. Deshalb sind Konflikte im Team wichtig und dürfen, wie überall im Unternehmen, keinesfalls unterdrückt werden. Bei eskalierenden Konflikten ist es notwendig, trotz hochkochender Emotionen sachlich zu bleiben und Lösungen zu kreieren, mit denen alle leben können. Mehr zum Umgang mit Konflikten finden Sie auf Seite 171.

Harmonie ist kontraproduktiv

To do

Niemand kann alles können – versuchen Sie es gar nicht erst. Im Sport wird jede Spielerin immer da eingesetzt, wo sie am besten spielt und am meisten bringt. Fünf Fragen, die Sie sich stellen sollten, um Ihren optimalen Platz im Team zu finden:

1. Wie sehen Sie sich im Team?
2. Welches sind Ihrer Meinung nach Ihre Rollen und Funktionen?
3. In welcher Rolle/Funktion werden Sie von den anderen Teammitgliedern gesehen?
4. Was können Sie besonders gut einbringen?
5. Wie sieht der Rest des Teams Ihre Stärken?

In meiner Erfahrung mit Top-Teams hat sich herauskristallisiert, dass sie am erfolgreichsten sind, wenn sie heterogen zusammengestellt sind und jedes Teammitglied in seiner Rolle und Kompetenz eingesetzt und respektiert wird. Neben geballter Fachkompetenz bestehen Top-Teams aus Personen, die unterschiedliche Fähigkeiten und Neigungen mitbringen und entsprechend eingesetzt und beauftragt werden sollten:

- Der Berater, der recherchiert, um alle nötigen Informationen zu besorgen und zur Verfügung zu stellen.

- Der Promoter und Kommunikator, der das Produkt, die Idee, den Erfolg verkauft, damit das Projekt Beifall findet, der nach innen und außen informiert, damit jeder Betroffene Bescheid weiß, und auch Probleme geschickt kommunizieren kann.
- Der Entwickler mit Sinn für das Machbare, der auswählt, aus welchen unterschiedlichen Informationen und Ideen möglicherweise reale Dinge entstehen können.
- Der Organisator, der in Strukturen und Abläufen denkt und das Projektgeschehen konkret organisiert, sodass effiziente Abläufe entstehen und benötigte Ressourcen vorhanden sind.
- Der Umsetzer, der die Ideen konkret realisiert und handelt, zum Beispiel die Produktion leitet und überwacht.
- Der Controller, der für das Budget verantwortlich ist und die Kosten kontrolliert, damit neben dem Produkt auch das finanzielle Ergebnis stimmt.
- Der stabilisierende Koordinator, der das Team zusammen- und stabil auf Kurs hält, damit das gemeinsame Boot nicht kentert.

Gekonnte Teamführung und Gruppenleitung

Gute Leute allein machen noch keine Erfolgsmannschaft aus. Dazu gehört neben dem bunten Portfolio an Stärken und Schwächen der einzelnen Spieler ein ehrgeiziges Ziel, gegenseitige Unterstützung, Verantwortung für das eigene Handeln, ein gewisser Zeitdruck, räumliche Verbundenheit trotz Internet und eine gute Führungskraft. Teams mit klaren Zuständigkeiten und Regeln sind leichter zu führen – vor allem von einer Projektleiterin mit Vorbildcharakter. Als solche sollten Sie gleichermaßen fordern und fördern, das heißt, die Teammitglieder entscheiden über die Arbeitseinteilung und Durchführung selbst und Sie vereinbaren lediglich Qualität, Ergebnisse und Termine, die eingehalten werden müssen. Bitten Sie die Teammitglieder, sich gegenseitig regelmäßig über die Schulter zu schauen und so Qualitätssicherung zu betreiben. Sie halten nur die Zwischenabnahmen schriftlich fest. Selbstverständlich müssen Sie Fragen stellen wie »Kommen Sie wie geplant voran?« und »Werden Sie wie geplant fertig?«, und die Teammitglieder müssen Ihnen Bescheid geben, wenn etwas außer Plan läuft. Regelmäßige Termin-

und Zielerreichungskontrollen gehören ebenso zu Ihren Aufgaben, wie bei Bedarf für Gespräche und Klärungen zur Verfügung zu stehen. Ermöglichen Sie jedem Teammitglied, die Ergebnisse seiner Arbeit selbst zu präsentieren, ermöglichen Sie persönliche Erfolge und stellen Sie sicher, dass die Einzelnen ihr Bestes für den Projekterfolg und das Teamgeschehen geben. Sie als optimale Projektleiterin sind selbst gut organisiert, können gut organisieren und lassen das Team machen.

Holen Sie nur die Besten in Ihr Team!

Holen Sie sich keine Zweitbesten ins Team. Warten Sie lieber ab und verschieben Sie den Projektbeginn, bis die optimale Besetzung komplett ist. Falls das nicht möglich ist, kaufen Sie externes Knowhow dazu oder passen die Projektleistung der vorhandenen Teambesetzung an. Warten Sie nicht ab, dass sich Probleme lösen – das tun sie nicht. Vermeiden Sie Vorwürfe, Denunziation, Alleingänge oder Druck auf die Entscheider. Suchen Sie stattdessen in Krisensitzungen mit dem gesamten Team nach Hintergründen und Lösungen. Falls nötig, binden Sie den Auftraggeber ein, besprechen Sie sich mit weiteren Verantwortlichen und bitten Sie um Entscheidungshilfe.

Die artgerechte Behandlung »Großer Tiere«

Was ist mit »Großen Tieren« im Business gemeint? Das können wichtige Kunden sein, Aufsichtsrat oder Vorstand eines Großunternehmens, Chefs oder Vorgesetzte, very important people eben, VIPs, bei denen man besser einen guten Eindruck macht.

Es ist wie im Dschungel – zu größeren Tieren hält man eine gewisse Distanz, bis man weiß, ob es sich um Freund oder Feind handelt. In jedem Fall begegnet man ihnen mit Respekt und Höflichkeit – auch dann, wenn man glaubt, sie zu seinen Freunden zählen zu können. Vorgesetzte und Führungskräfte gleichermaßen wünschen sich sowohl leistungsfähige als auch leistungswillige Mitarbeiter. Wo ist der Unterschied? Solange Sie gesund und für die Arbeit ausreichend qualifiziert sind, sind Sie leistungsfähig. Der Leistungswille ist jedoch, was zählt. Deshalb Hand aufs Herz: Bringen Sie den Willen mit, einen realen Beitrag zum Wohle der Abteilung beziehungsweise der Firma zu leisten? Oder gehören Sie zu den vielen unerkannten Mitarbeitern, die innerlich bereits gekündigt haben und ihren Gehaltsscheck gegen möglichst wenig Leistung abholen? Ist das bei Ihnen der Fall, fragen Sie sich, was Sie in diesem Job/in dieser Firma noch hält, was Ihnen an dieser Situation gefällt und worin der Nutzen für Sie besteht, sonst wären Sie ja nicht mehr dort. Vielleicht ist es ja bequem und Sie haben Angst vor den Unwägbarkeiten eines beruflichen Wechsels oder Neubeginns. Trotzdem: Möchten Sie wirklich Ihr (Arbeits-)Leben weiterhin in dieser Starre verbringen und dabei Ihre Potenziale und Fähigkeiten verkümmern lassen? Siehe Seite 170 – Abschied nehmen.

Tipp

> Im Allgemeinen können Sie mit großen Tieren auf gleicher Augenhöhe kommunizieren, denn Sie bedingen sich gegenseitig. Es muss große und kleine Tiere geben. Auf das Geschäftsleben übertragen bedeutet es, jedes Unternehmen braucht Mitarbeiter, um ein Unternehmen zu sein, und jeder Mitarbeiter braucht ein Unternehmen, um Mitarbeiter zu sein.

Regeln für den Umgang mit Höhergestellten

Im konkreten Büroumfeld gelten für den Umgang mit Höhergestellten folgende Regeln:

- Gute Führungskräfte sind durchaus an dem ehrlichen Feedback ihrer Mitarbeiter interessiert (unabhängig davon, ob sie fachliche oder disziplinarische Vorgesetzte sind). Bitte geben Sie Ihr Feedback sachlich fundiert und freundlich wertschätzend, wenn es verlangt wird. Falls in Ihrem Unternehmen Feedbackrunden für Führungskräfte durchgeführt werden, seien Sie in Ihrer Beurteilung ehrlich und direkt.

- ❑ Benennen Sie die Funktion, die der beziehungsweise die Vorgesetzte innehat, stets korrekt. Zum Beispiel Abteilungs- oder Bereichsleiter/in oder Geschäftsführer/in. Flapsig-negative Bezeichnungen wie »unsere gnädige Vortänzerin« oder »unsere kleinen Chefs« sollten weder Ihnen noch dem Vorzeige-Macho im Unternehmen über die Lippen kommen.
- ❑ Emotionale Ausbrüche und direkte Vorwürfe tragen Ihnen im Business nur Etiketten wie »emotional«, »hysterisch«, »hypersensibel« oder gar »zickig« ein. Erfolgreicher sind sachliche Verhandlungen und konstruktive Vorschläge, wie das Problem gelöst werden kann oder wie eine verfahrene Sache neu geregelt werden sollte. Wollen Sie mit Ihrer Führungskraft verhandeln, seien Sie sich vorher darüber im Klaren, was Sie wirklich erreichen wollen. Siehe »Schwierige Verhandlungen«, Seite 162.

Business-Spielregel: Begegnen Sie »Großen Tieren« mit der richtigen Mischung aus professioneller Höflichkeit und Distanz. Verbiegen Sie sich nicht und verwechseln Sie Höflichkeit nicht mit Unterwürfigkeit.

Stopp: Mobbing, Bossing und Bullying

Mobbing, Bossing, Bullying und so weiter hat es schon immer gegeben. Das ist so alt wie die Menschheit. Schon immer wurden Menschen schlecht behandelt, ausgegrenzt, enteignet, terrorisiert und vernichtet. Das Natur- und Dschungelprinzip »Fressen und gefressen werden« lässt sich nicht aushebeln. Die Art und Weise, wie wir damit umgehen, lässt sich jedoch ändern. Eine weitere unpopuläre Wahrheit ist: Opfer von Mobbing und Bullying tragen meist auch einen Teil an der Schuld, wenn sie von solchen Attacken betroffen sind. Denn wenn Sie sich verhalten wie ein williges Opferlamm, wundern Sie sich bitte nicht, wenn Sie geopfert werden. Dafür sind Opferlämmer schließlich da.

- ❑ Die Opferhaltung beschert Ihnen weder eine bella Figura noch eine Karriere. Hören Sie sofort auf damit! Übernehmen Sie Verantwortung für Ihr Verhalten, für Ihr Tun und Lassen, Ihre berufliche Leistung und Ihre Position. Schreiben Sie sich sofort die verleumdenden oder beleidigenden Aussagen im genauen Wortlaut samt Datum, Anlass und Namen von Zeugen auf. Das ist der Tipp eines Spezialisten. Als Mobbing-Opfer sind Sie in Deutschland voll in der Beweispflicht. Weiterführende Informationen und Links finden Sie unter www.mobbing.net und www.fairness-stiftung.de
- ❑ Andere können und werden Sie nicht ändern! Sie haben nur die Chance, Verantwortung für sich zu übernehmen, Klarheit zu schaffen und gegebenenfalls die Konsequenzen zu ziehen – auch wenn Sie Bedenken und Angst haben sollten. Arbeiten Sie an Ihrem Selbstwert und suchen Sie sofort professionelle Hilfe.
- ❑ Nutzen Sie die Gesetze des Dschungels und machen Sie sich frei davon, immer »belastbar« und »nett« zu sein. Hören Sie auf, die Rolle eines Fußabtreters zu spielen – geben Sie endlich Kontra! Fair, sachlich und präzise.
- ❑ Faule Kompromisse stinken – und zwar allen Beteiligten. Sie sind keine Alternative zu klaren Auseinandersetzungen.

Der Perspektivenwechsel

Ob es sich lohnt, zu kämpfen, oder ob es besser ist, das Weite zu suchen, sollten Sie erst nach realistischer Analyse der Situation entscheiden. Ich empfehle einen radikalen Perspektivenwechsel: Versetzten Sie sich einmal in die Position Ihres Gegners und versuchen Sie, die Situation ehrlich aus seinem Blickwinkel zu betrachten. Wie blütenrein ist Ihre Weste aus seiner Sicht? Haben Sie eventuell Anteil an dieser verfahrenen Situation? Wenn ja, ist es

Ihnen möglich, dies zu korrigieren? Wie könnte für Sie beide das Ergebnis aussehen? Welche Konsequenz werden Sie ziehen, wenn es nicht funktioniert?
Es ist ein Zeichen innerer Größe, dem anderen eine Brücke zu bauen, sich zu entschuldigen und – falls möglich – aus Gegnern oder Gegnerinnen Verbündete zu machen. Ist das unmöglich oder gefährlich, sollten Sie Folgendes geklärt haben, bevor Sie sich zum Kampf rüsten: Wie lautet Ihre eigene Zielsetzung in diesem Konflikt? Wie hoch ist Ihr Kraftaufwand im Vergleich zum Nutzen? Welche Fähigkeiten oder Erkenntnisse können Sie gewinnen, wenn Sie sich auf den Kampf oder die Auseinandersetzung mit dem Gegner einlassen?
Falls Sie sich entscheiden, den Kampf nicht aufzunehmen, klären Sie mit sich, welches die Konsequenzen daraus sein können. Wie hoch ist die Wahrscheinlichkeit, dass Ihnen eine solche Situation später einmal wieder begegnet? Wie können Sie dann mit ihr umgehen, wenn Sie sich ihr jetzt nicht stellen?

Werden Sie gemobbt?

Vorwarnungen und Anzeichen für Mobbing, Bossing und Bullying:

- ❑ Ihr Vorgesetzter schränkt Ihre Möglichkeiten ein, sich zu äußern.
- ❑ Ihre Arbeitsergebnisse werden verfälscht, also Daten verändert, für die Sie zuständig sind, oder Ihre Leistung wird herabgewürdigt.
- ❑ Ungerechtfertigt wird durch Drohungen und Sanktionen ein starker Druck auf Sie ausgeübt.
- ❑ Sie werden von Besprechungen ausgeschlossen und vom Informationsfluss abgeschnitten.
- ❑ Ihnen werden Aufgaben zugewiesen, die nicht Ihrer Qualifikation entsprechen und/oder sinnlos sind.
- ❑ Man verbreitet Gerüchte über Sie oder macht sich über Sie lustig.

Wehren Sie sich beizeiten und suchen Sie sich professionelle Unterstützung bei Coachs oder anderen Spezialisten, bevor Sie die Täter konfrontieren. Es könnte sein, dass Sie aus irgendwelchen Gründen überreagieren und Dinge zu persönlich nehmen. Dies sollten Sie abklären, bevor Sie anderen Bösartigkeit unterstellen. Vielleicht hilft Ihnen etwas Abstand und Rückzug, um gelassen und cool ihrem Widersacher Kontra zu bieten und die Situation zu Ihren Gunsten zu wandeln.

Unternehmens- und ethische Werte müssen gelebt werden

Täglich zeigt es sich im Business-Alltag, dass die »ethischen Werte« eines Unternehmens meist nur auf dem Papier oder großen Bronzetafeln stehen. Im Arbeitsalltag sind sie selten vorhanden. Die krisengeschüttelte Weltwirtschaft und das geballte Negativ-Verhalten im Büro zeigt, wie dringend wir gelebte ethische und menschliche Werte brauchen, um mit Freude und Motivation erfolgreich arbeiten zu können. Wenn diese durch »Büro-Vampire« verschwendete Energie genutzt würde, diese Prunktafeln einzuschmelzen und ihre Worte in den Köpfen und Herzen der Menschen zu verankern: Welch ein Klimawandel im Business würde entstehen!

Im Business gilt: Keiner schuldet Ihnen etwas und niemand wird Ihnen etwas schenken. Haben Sie Mut zur Konfrontation mit dem Mobber und dem Bully. Sagen Sie klar und deutlich, was Sie wollen – erst dann besteht die Chance, dass Sie es bekommen. Übrigens: Ist der Mobber oder Bully ein übler Neider, manövrieren Sie ihn ins Aus, indem sie seine mangelhafte Leistung oder fehlende Kompetenz für alle sichtbar entlarven. Zum Beispiel in einer Sitzung. Das ist zwar weder nett noch edel, aber durchaus wirkungsvoll. Auf billige Rachefeldzüge sollten Sie verzichten.

Üble Vorgesetzte

Will Ihre Vorgesetzte/Ihr Vorgesetzter Ihnen Übles, nennt man es Bossing. In dieser Situation sei Ihnen geraten: Entweder Sie wechseln den Job oder Sie klären das Verhalten der/des Vorgesetzten beim Betriebsrat oder an höherer Stelle. Holen Sie sich Rat und Unterstützung bei Spezialisten. Sollte der wahre Grund für das Verhalten Ihrer Führungskraft sein, Sie loswerden zu wollen – tun Sie sich den Gefallen und gehen Sie schnellstmöglich. Nutzen Sie Ihre kostbare Energie, um eine neue Position zu finden, und versuchen Sie, ein Outplacement-Arrangement zu bekommen. Vielleicht können Sie sich Ihren unfreiwilligen und trotzdem schnellen Abschied noch etwas »vergolden« lassen, als Schmerzensgeld sozusagen.

Man kann auch versuchen, dem Bosser einige Grundregeln erfolgreicher Führung zu vermitteln, denn: Schwache Vorgesetzte neigen dazu, ihre Mitarbeiter schlecht zu behandeln. Sie demonstrieren unechte Stärke, um von ihrer wahren Schwäche abzulenken. Bossing ist oft Zeichen für Überforderung oder Unsicherheit seitens der Führungskraft.

To do

Wehren Sie sich frühzeitig mit allen Ihnen zur Verfügung stehenden legalen Mitteln und erlauben Sie nicht, dass irgendjemand Ihre Gesundheit zerstört! Lernen Sie aus Ihren Erfahrungen. Einmal im Leben dieser Extremsituation ausgeliefert zu sein ist für jeden Menschen genug. Im Internet finden Sie Informationen zu Hilfsangeboten und praxisnahe Tipps, wie Sie mit diesen Extremsituationen umgehen können. Nehmen Sie auf jeden Fall professionelle Unterstützung in Anspruch – spezialisierte Anwälte, versierte Coachs oder Psychologen etc.

Vermeiden Sie den Wiegeschritt zwischen »Soll ich gehen oder soll ich bleiben?« Sie haben keine Alternative. Es ist ein Irrglaube, dass sich die Dinge von allein lösen und bewältigen lassen. Auch wenn man sagt, dass die Hoffnung zuletzt stirbt: Achten Sie darauf, dass Sie nicht vorher zugrunde gehen!

Kurz & bündig

Viele wissen weder, wie man Kunden gut behandelt, noch, wie man reagieren soll, wenn es im Business einmal richtig hässlich wird. Diese Wissenslücke hält frau oftmals davon ab, souverän zu agieren, was nur teilweise auf das überwiegend weibliche »Harmonie-Gen« zurückzuführen ist. Um professionell auf allen Ebenen agieren zu können, nutzen Sie folgende Regeln:

- ❑ Kritik ist kein Drama, sondern eine Möglichkeit, etwas zu lernen oder zu verändern. Nutzen Sie diese Hinweise für sich.
- ❑ Jede und jeder sind gleichwertig – unabhängig von der hierarchischen Position. Nur miteinander gelingt ein gutes und profitables Business.
- ❑ Unterscheiden Sie immer wieder, wer gemeint ist: Sie als Person? Sie in Ihrer beruflichen Rolle als …? Oder Sie in Ihrer beruflichen Rolle mit der Funktion des …?
- ❑ Stehen Sie für sich ein, auch wenn Sie damit auf mancher Beliebtheitsskala nach unten rutschen. Es geht um Sie, Ihre Karriere und vor allem um Ihr Wohlergehen!

11 Umgang mit unangenehmen Gefühlen und Situationen

Die meisten Menschen sind so glücklich,
wie sie sich es selbst vorgenommen haben.
Abraham Lincoln

Gefühle sind stärker als der Verstand

Gefühle regieren die Welt des Business mehr als unser Verstand. Wir sind glücklich über Erfolge, kennen die Zufriedenheit mit dem Erreichten ebenso wie die Euphorie beim siegreichen Verhandlungsabschluss. Doch die andere Seite der Medaille, die unbequemen, unangenehmen Gefühle, mögen wir gar nicht. Wir lehnen sie ab, wollen sie am liebsten gleich wieder loswerden und drücken sie gern ganz schnell weg. Doch so sehr wir uns auch bemühen, sie wegzudrücken oder über den Verstand zu rationalisieren: Es gelingt uns nur unter Aufbietung großer Kraft. Reicht unsere Kraft für diese Zusatzbelastung nicht mehr, explodieren wir am falschen Ort und gegenüber der falschen Person, die gar nichts mit der Sache zu tun hat. Entsprechend groß sind die Irritationen und das Ausmaß der Zerstörung danach.

Im Business wird es immer Situationen geben, in denen hart verhandelt werden muss, Konkurrenz und Rivalität auftauchen, Momente, in denen die Eitelkeiten und Machtgelüste anderer zu handhaben sind. Wer kennt sie nicht, die Frustrations- und Ohnmachtsgefühle? Den Neid, wenn jemand anders das Lob einheimst? Bittere Missgunst gegenüber Kollegen, die eindeutig besser sind als wir selbst? Wem fällt das Aushalten von Unsicherheit bei anstehenden Veränderungen leicht? Wer ist souverän genug, um die Eitelkeiten, Egotrips und Machtansprüche anderer klaglos auszuhalten? Das alles ist ziemlich nervig und zweifellos unbequem.

Es gibt keine negativen Emotionen

Es gibt keine negativen Emotionen. Hinter jedem Gefühl steckt eine positive Absicht, die sich manchmal so gut versteckt, dass man sie mit detektivischem Spürsinn wahrlich herauskitzeln muss.

z.B. Unbequeme Emotionen können viele Ursachen haben. Zum Beispiel: Sie haben ein Angebot abgegeben und man hat Ihnen gesagt, dass es so weit in Ordnung sei und die Entscheidung sicher bald getroffen wird. So lange, bis Sie die Bestellung wirklich schwarz auf weiß vor sich haben, fühlen Sie sich wahrscheinlich etwas unsicher, auch wenn Sie Ihrem Gesprächspartner vertrauen. Was könnte hinter Ihrer Unsicherheit stecken? Haben Sie eventuell Bedenken, dass die Konkurrenz doch ein besseres Angebot unterbreitet hat oder ein besseres Produkt anbietet? Sorgen Sie sich um Ihre eigenen Umsatzziele? Oder ist eher Ihr Selbstwert oder die Angst vor persönlicher Ablehnung mit dem Angebot verknüpft?
Es bringt Ihnen nichts, sich mental selbst zu verprügeln – seien Sie stattdessen freundlich zu sich selbst! So kommen Sie den Hinweisen Ihrer unangenehmen Gefühle besser auf die Spur: zum Beispiel, dass die Qualität Ihrer Produkte die der Konkurrenz übertrifft, dass Sie noch weitere Kunden akquirieren sollten, um eine höhere Sicherheit bezüglich Ihres Umsatzzieles zu erreichen, oder dass Ihre Person und dieses Angebot zweierlei Dinge sind.

Es ist auf jeden Fall entlastend, über Ihre Gefühle zu sprechen – mit einer Person, die sich damit auskennt und der Sie absolut vertrauen können. Machen Sie sich Luft – geben Sie Ihrem Ärger, Ihrer Wut, Ihrer Enttäuschung Raum, aber lassen Sie sich davon nicht dominieren. Denn: Sie haben Gefühle – doch Sie sind sie nicht!

Gefühle und Emotionen sind körperlich

Somatische Marker – Körpersignale

Gefühle sind viel älter als unsere intellektuellen Fähigkeiten. Wir spüren Sie immer im Körper und es lohnt sich, die Mitteilung der somatischen Marker (= Körpersignale) auf dieser Ebene zu entschlüsseln. »Dabei habe ich ein mulmiges Gefühl« heißt Vorsicht. »Mir schnürt es die Luft ab« kann heißen, dass es in der Situation eng wird. »Meine Beine versagen den Dienst« bedeutet wenig Standfestigkeit. »Es dreht sich ein Messer in meinem Herzen« zeigt, dass wir zutiefst verwundbar sind. Jede von uns kennt wahrscheinlich Schmetterlinge im Bauch und Schweiß auf der Stirn. Gefühle sichern unser Überleben in jeder denkbaren Situation. Bei Menschen, die konsequent ihre Gefühle unterdrücken, kommt es zu dauerhaftem Bluthochdruck. Aber auch ausgedrückte Gefühle wie Empathie und Mitgefühl können zum Burnout führen, wenn man sie mit der eigenen Person verknüpft. Deshalb trennen Sie zwischen sich selbst und dem, was Sie empfinden – es sind immer zwei unterschiedliche Dinge!

To do

In diesen fünf Schritten können Sie lernen, unangenehme Gefühle zu wandeln und ihren Nutzen zu steuern. Auch wenn es anfangs schwierig ist, geben Sie nicht auf und üben Sie weiter – immer wieder!

1. Geben Sie sich eine Verschnaufpause und atmen Sie langsam und tief durch. So kann sich das durch die Erregung ausgeschüttete Adrenalin besser in ihrem Körper verteilen.
2. Arbeiten Sie an Ihrem Selbstwertgefühl und fragen Sie sich immer wieder, wenn Ihre Emotionen unangenehm sind: Was wünsche ich mir wirklich?
3. Lassen Sie Ihre Gefühle zu und versuchen Sie, sie einzuordnen. Was fühlen Sie gerade? Worauf könnte Sie dieses Gefühl hinweisen?

4. Achten Sie auf Ihre Körpersignale und vertrauen Sie dem emotionalen Frühwarnsystem Ihrer somatischen Marker.
5. Nutzen Sie die Gefühlsenergien positiv. Wofür stehen Ihr Ärger, Ihre Trauer, Ihre Wut?

Durch dieses bewusste und akzeptierende Verhalten übernehmen Sie die Verantwortung für Ihre Gefühle und können sie entsprechend nutzen. Sie entscheiden, was Sie damit anfangen, und sind somit wieder handlungsfähig anstatt ein ohnmächtiges Opfer der Umstände.

Konkurrenz, Rivalität und Machtspielchen

Unangenehme Gefühle können eine Chance sein

Sie haben die Wahl und Kontrolle darüber, was Sie denken, wie Sie die Dinge betrachten und was Sie fühlen wollen. Versuchen Sie, unangenehme Gefühle als Chance zu sehen, denn sie bergen wichtige Erkenntnisse und Einsichten in Selbstbewusstsein und Motivation.

z.B.

Zusammen mit Kollegen initiierte ich eine jährliche Coaching-Veranstaltung. Den Veranstaltungsort besorgte und sponserte ich, ein Team von Kollegen und Kolleginnen übernahm die Organisation und Durchführung – alles prima. Einige Wochen vor der geplanten Veranstaltung erreichte mich das fertige Programm in meinem Jahresurlaub in Asien. Ohne mit mir abgestimmt zu sein und ohne Firmenbezeichnung erschien ich mit einem Live-Coaching als fester Programmpunkt. Als ich das bei der Leiterin des Organisationsteams, nennen wir sie Gistrud, monierte, löschte sie meine Mail »aus Versehen«. Mit viel Mühe gelang es, für eine Korrektur zu sorgen, bevor die Einladung an Kunden, Interessenten und die Presse verschickt wurde. Vor der Veranstaltung mäkelte Gistrud, mit der ich mich bisher sehr gut verstanden hatte, an meinen Ideen herum und während der Veranstaltung selbst griff sie mich konsequent und subtil an, sodass ich eine halbe Stunde vor meinem Auftritt saft- und kraftlos im Referentenzimmer stand. In diesem Zustand konnte ich unmöglich erfolgreich ein Live-Coaching durchführen! Ich fühlte mich miserabel, bekam kaum Luft und hatte den Eindruck, es ginge um mein Leben. Mein erster Impuls war Flucht, doch kneifen kam ebenso wenig infrage wie ein öffentliches Versagen. Ich ging aus dem Veranstaltungszentrum in die Tiefgarage, setzte mich in mein Auto, tobte, heulte und weinte. Als ich meinen Zorn, meine Wut und meine Trauer von mir gegeben hatte, setzte mein Verstand wieder ein. Welches könnte der Grund sein, weshalb sich Gistrud so verhielt? Was hatte ich falsch gemacht? Ich begann, mich durch ihre Augen zu betrachten: Ich habe den Raum bezahlt und bin dann in einen tollen Urlaub gegangen – sie musste arbeiten. Mein Büro hat eine inspirierende Atmosphäre, ich fahre ein schönes Auto, habe interessante Klienten, einen tollen Partner und so weiter. Als ich innerlich einen Punkt nach dem anderen abhakte, spürte ich, wie meine Kraft zurückkehrte. Ich sah mich quasi so, wie mich die anderen sehen, und was ich sah, gefiel mir. Als Ergebnis hatte ich einen immensen Motivationsschub und schaffte in 30 Minuten gleich zwei Live-Coachings, die dem Publikum sowohl einen Einblick in meine individuelle Arbeitsweise vermittelten als auch den Gecoachten nachhaltigen Nutzen brachten. Wenn ich heute darüber nachdenke, bin ich Gistrud dankbar, weil mich ihr Verhalten zu einem Perspektivenwechsel zwang, der mir vieles bewusst machte.

Immer wieder gern gespielt: Machtspielchen

Machtspiele sind genau das: Spiele! Sie entscheiden, wie lange Sie dieses Spiel mitspielen wollen und wann Sie aussteigen. Der englische Spruch »It takes two to tango« bedeutet nichts anderes, als dass man allein nicht Tango tanzen kann, und genauso ist es mit der Macht. Sie wird einem dadurch verliehen, dass das Gegenüber weniger stark beziehungsweise mächtig ist. Und wenn kein anderer da ist, gibt es auch keine Macht. Nur solange Sie oder jemand anders dieses Spiel mitspielen, findet dieses Spiel statt. Für sich selbst sollten Sie Ihre eigene Spielzeit sparsam einsetzen – es sei denn, Sie wollen gewinnen oder möchten sich mit Ihrem Gegenüber messen. Wenn ja, geht es hoffentlich um etwas richtig Wichtiges.

Business-Spielregel: Unnötiges Konkurrenzdenken ist eine Falle, in die Frauen häufig geraten. Reagieren Sie nicht per Autopilot, also wie immer, sondern denken Sie nach! Wertschätzen Sie sich und wertschätzen Sie andere – jeder ist gleich wertvoll. Seien Sie höflich und freundlich – damit schaffen Sie eine gute Atmosphäre. Schaffen Sie Nutzen für sich und andere und engagieren Sie sich für etwas, das Sie gut finden. Achten Sie darauf, dass Sie nach Möglichkeit niemandem schaden, denn Sie werden ernten, was Sie gesät haben – deshalb säen Sie Achtung und Wertschätzung. Sollten Sie in einer Konkurrenzsituation verlieren, dann nutzen Sie das als Lernchance.

Durchsetzen mit Biss und Gefühl

Obwohl es im Berufsleben vermeintlich nur um Zahlen, Daten, Fakten geht, sind Emotionen unglaublich wichtig. Bei jeder Entscheidung, die getroffen wird, sind emotionale Aspekte – positive und negative – ausschlaggebend, zum Beispiel Stolz, Wut, Ärger oder einfach nur Aufregung und Nervosität. Sie geben in Verhandlungssituationen Hinweise darauf, wie die Erfolgschancen stehen, welche Strategie vielversprechend ist und ob die Taktik besser geändert werden sollte. Wenn wir Gefühle zeigen, wirken wir authentisch und überzeugen auch mehr. In einem Bewerbungsgespräch kann man Nervosität durchaus zugeben. Beim Vorstellungsgespräch sind wir alle angespannt. Wäre man es nicht, könnte man auch keinen emotionalen Kontakt zum Gegenüber herstellen. Karrieremachen geht neben analytischem, klarem Denken vor allem mit Gefühl. Zum Beispiel durch die Begeisterung für eine Sache, ein echtes Lachen über die kleinen Dinge und den Humor, dank dessen man sich selbst weniger ernst nimmt. All das sind positive Emotionen, die über Krisenzeiten gut hinweghelfen können.

Doch was, wenn Sie Biss zeigen müssen, um nicht untergebuttert zu werden?

Setzen Sie sich konstruktiv durch

Tipp

Acht Punkte sollten Sie berücksichtigen, wenn Sie sich konstruktiv durchsetzen wollen:

1. Glauben Sie an Ihre eigenen Ziele. Nur so haben Sie die nötige Power, die Sie zum Durchsetzen brauchen.
2. Seien Sie proaktiv und verschaffen Sie sich Gehör. Stehen Sie für Ihre Sache ein und auf. So bieten Sie den Killerphrasen der anderen erfolgreich Paroli.
3. Prüfen Sie Ihre Erfolgsaussichten. Nur wenn sie mindestens 51 Prozent betragen, sollten Sie sich auf (vielleicht unnötige?) Kraftproben einlassen.
4. Meiden Sie Energie-Vampire oder Parasiten und umgeben Sie sich mit positiven Menschen.
5. Erschüttern Sie Ihre Gegenspieler und brechen Sie so deren Widerstand. Üble Angriffe können Sie quittieren mit: »Das war ja schon ganz toll. Aber ich finde, Sie sollten es noch mal versuchen und dann so richtig Gas geben.«

6. Entwerfen Sie bereits vorab Entgegnungen auf mögliche Angriffe, die Ihnen Zeit für Gegenstrategien lassen. Zum Beispiel: »Was Sie sagen, ist wirklich interessant, ich werde darüber nachdenken.« So verhindern Sie, überrumpelt zu werden, und können in Ruhe entscheiden, ob Sie nachdenken oder sich den Angreifer für das nächste Mal merken wollen.
7. Reagieren Sie sofort auf negative Gerüchte! Sie schwächen Ihre Position, auch wenn es Ihnen gelingt, sie zu entkräften. Steuern Sie positiv und proaktiv sofort dagegen.
8. Analysieren Sie regelmäßig mögliche Gegenspieler: Wer lächelt mich an, agiert aber gegen mich, indem er blockiert, zu viel infrage stellt und Dinge manipuliert? Diese Menschen halten Sie bitte auf Distanz.

Mehr zum Thema »Durchsetzen« finden Sie auf Seite 160. Bedenken Sie: Bei Machtspielchen werden selten die Schwachen angegriffen. Das wäre ein leichter Sieg. Es sind die Starken, die Überlegenen, die herausgefordert und provoziert werden, vorausgesetzt, sie lassen es sich gefallen.

Schwierige Verhandlungen leicht(er) gemacht

Verhandlungen sind reine Taktik. »Hart in der Sache und weich in der persönlichen Ansprache« ist eine Regel. Wenn Sie mit mehreren Personen verhandeln, ist es möglich, dass sie ein abgekartetes Spiel treiben mit den Rollen »good cop, bad cop«, um Sie zu Zugeständnissen zu bewegen. Vielleicht zweifelt man Ihre Position, Ihre Kompetenz oder Ihre Ehrlichkeit an. Vielleicht gaukelt man Ihnen auch Sicherheit vor oder manipuliert Sie anderweitig.

Üben Sie den Perspektivenwechsel!

Seien Sie achtsam und betrachten Sie dieses Spiel aus allen möglichen und vermeintlich unmöglichen Perspektiven, die Sie einmal mental durchspielen können, um die Situation besser einzuschätzen. Dazu eignet sich ausgezeichnet die Sechs-Hüte-Methode von Edward de Bono mit unterschiedlich farbigen Hüten und dazugehörigen unterschiedlichen Betrachtungsweisen. Mehr dazu in den Literaturempfehlungen.

Bleiben Sie in Verhandlungen auf der Sachebene, denn emotionale Ausbrüche und direkte Vorwürfe tragen Ihnen im Business nur Etiketten wie »emotional«, »hysterisch« oder gar »zickig« ein. Erfolgreicher sind sachliche Verhandlungen und konstruktive Vorschläge, wie das Problem gelöst werden kann oder wie eine verfahrene Sache neu geregelt werden sollte.

Bleiben Sie auf der Sachebene!

Tipp

Wollen Sie verhandeln, seien Sie sich vorher darüber im Klaren, was Sie wirklich erreichen wollen:

- ❑ Welchen Nutzen können Sie, Ihr Produkt, Ihre Idee Ihrem Gegenüber bieten?
- ❑ Welches konkrete, optimale Verhandlungsergebnis streben Sie an?
- ❑ Was genau wird hinterher anders sein als jetzt – für Sie, für Ihr Gegenüber?
- ❑ Was müssen Sie oder andere dafür tun?
- ❑ Wie führen Sie das Gespräch zu Ende, wenn es erfolglos ist?
- ❑ Wie sieht eine Situation aus, mit der Sie beide leben können?
- ❑ Wie und wodurch lässt sich das realisieren?
- ❑ Achten Sie darauf, nicht allzu viel zu reden – schon manches ist zerredet worden.

Auf keinen Fall sollten Sie versuchen, Ihr Gegenüber zu erpressen. Erstens wirkt es unsouverän und zweitens geht der Schuss meistens nach hinten los. Wenn Sie also die Frage nach dem »Entweder so … oder ich …« stellen, sollten Sie eine gute Alternative haben, sonst kann es leicht sein, dass Sie vom Regen in die Traufe kommen. Gerade bei Gehaltsverhandlungen sollten Sie darauf achten!

Gehaltsverhandlungen – die unangenehme Wert-Frage

Mögen Sie Gehaltsverhandlungen? Ich habe die Erfahrung gemacht, dass sie bei Frauen meist eine kollektive Selbstwertkrise auslösen. Liebe Leserin, wenn Sie nicht an Ihren Wert glauben, wer soll es denn dann tun? Ihr Chef vielleicht? In Großunternehmen muss er meist Ihre Forderung seinem eigenen Chef gegenüber vertreten und dazu braucht er jede Menge gute Argumente – von Ihnen! Haben Sie sich in der Vergangenheit stets loyal ihm gegenüber gezeigt, so wird er dies nicht vergessen.
Soweit ich weiß, ist jedes Unternehmen zur Gewinnerzielung verdammt und wird niemals mehr bezahlen, als es unbedingt muss. Deshalb meine Damen: Stehen Sie endlich für sich und Ihre Leistung ein – es tut sonst keiner für Sie. Sagen Sie, was Sie haben wollen – nur so haben Sie eine Chance, es zu bekommen. Bereiten Sie sich auf mögliche Einwände vor – die kommen bestimmt – und erstellen Sie ein Business Case, wenn Sie Ihren Argumenten allein nicht trauen. Es zeigt auf, welche Investitionen wie Gehalt, Aus- und Weiterbildung etc. Ihr Unternehmen tätigen soll, um Ihre engagierte Mitarbeit zu nutzen. Welchen Nutzen werden Sie künftig bringen und bis wann hat sich die Investition für das Unternehmen rentiert? Ein in Euro gut darzustellender Nutzen wäre zum Beispiel, wenn Sie den Kostenaufwand für Besprechungen künftig kräftig dämpfen und so Ihre Gehaltserhöhung in einem Jahr einsparen können …

Notieren Sie sich, welchen Zusatznutzen Sie dem Unternehmen bieten. Zu gern vergessen wir die kleinen Dinge, die große Einsparungen bedeuten und in einem Gehaltsgespräch thematisiert werden sollten – auf die Zukunft bezogen. Eruieren Sie Ihren Wert und wagen Sie, ihn sachlich, freundlich und charmant einzufordern!

Wenn eine monetäre Gehaltserhöhung nicht drin ist, fragen Sie nach Weiterbildung, Übernahme von Handykosten, Spesenkonto, Versicherungen oder einem Dienstwagen.

Überzeugen statt rechtfertigen

Die gefährliche Rechtfertigungsfalle ist immer dann aufgestellt, wenn Widerspruch kommt. Und das ist sehr wahrscheinlich, wenn Sie Ihre eigenen Spiele gewinnen und Ihre Regeln durchsetzen wollen. Deshalb achten Sie darauf, Ihre Entscheidungen kurz (!) zu begründen. Das können Sie tun, Sie müssen sich jedoch weder rechtfertigen noch begründen, weshalb Sie was wie entscheiden oder tun werden. Sie können das einfach so stehen lassen und die Betroffenen entsprechend informieren.

Business-Spielregel: Frauen haben ein ausgeprägtes Gespür für die unausgesprochenen Bedürfnisse anderer und rechtfertigen beziehungsweise begründen mehr als Männer, die lieber anordnen oder befehlen. Deshalb sagen Sie zu sich selbst laut und deutlich »Stopp!«, wenn Sie bemerken, dass Sie Ihre Anweisungen, Entscheidungen oder Sonstiges anderen gegenüber begründen. Wenn Sie Ihre Entscheidung begründen, dann bitte kurz, knapp und sachlich!

Wesentlich besser ist es, wenn Sie überzeugen, anstatt sich zu rechtfertigen. Gute Überzeugungsarbeit gelingt in vier Stufen:

So gelingt Überzeugungsarbeit

1. Was ist das Problem – wo drückt der Schuh?
2. Wie sieht die Lösung des Problems aus? Welche Lösungen stehen zur Auswahl? Was spricht dafür, was dagegen? Welche Seite wiegt schwerer und welches ist die beste Option?
3. Wie können Sie begründen, was Sie vom anderen wollen?
4. Schlussfolgerung, ein konkreter Aufruf zum Handeln und die Ankündigung nächster Schritte.

Wenn Sie Ihren Standpunkt vertreten, Ihre Haltung begründen und andere davon überzeugen wollen, ist wichtig, dass Sie wissen, wofür Sie stehen, sich darüber im Klaren sind, was für Ihren Standpunkt spricht, dies mit griffigen Beispielen untermauern können und andere zum Handeln in Ihrem Sinne motivieren.

Business-Spielregel: Wenn Sie mit einem großen Herzen und einem klaren Verstand unterwegs sind, an Ihr eigenes Wohl denken, klar verhandeln und wissen, dass Sie auf dieser Welt nicht allein sind, könnten gelingende Verhandlungen Ihr Lieblingsspiel und ein Erfolgsquotient Ihrer Karriere werden.

Bedenken, Befürchtungen und Angstgefühle

Hürden gehören zum geschäftlichen Alltag. Sie werden als Herausforderungen betrachtet und sind als solche akzeptiert. Was aber, wenn die alltäglichen – und ständig steigenden – beruflichen Herausforderungen Versagensangst auslösen oder gar blockieren? Jeder bemüht sich mit allen Mitteln darum, dieses Tabu zu verdrängen und so lange wie möglich das Bild einer engagierten, dynamischen, kraftvollen Mitarbeiterin und Führungskraft aufrechtzuerhalten. Dies erfordert enorm viel Kraft, die andernorts fehlt, was die Leistungsfähigkeit zusätzlich schwächt. Im schlimmsten Fall entwickelt man ein »Hochstaplersyndrom«, indem man so tut, als ob, bis hin zum beruflichen und persönlichen Scheitern. Über Angst jeglicher Couleur wird im Business nicht gesprochen. Sie ist (meist gut versteckt) trotzdem stets dabei, zum Beispiel als:

Angst wovor?

- ❑ Angst vor dem Scheitern bei großen Herausforderungen
- ❑ Angst vor Fehlentscheidungen und deren Konsequenzen
- ❑ Angst, zu versagen und sich zu blamieren
- ❑ Angst vor zu ehrgeizigen Mitarbeitern, missgünstigen Kollegen oder dem Chef
- ❑ Angst vor der Herabsetzung, vor der Kündigung
- ❑ Angst vor der Angst

Die innere Angst wird verborgen durch äußere Zurschaustellung von Stärke und Power, oft genug verkleidet als Erfolg. Weniger starke Führungskräfte neigen aus uneingestandener Angst zu ope-

rativer Hektik, unausgewogenem Führungsverhalten oder unnötig kontrollierender Tyrannei.
Angst und Befürchtungen sind zwar meist unangenehme Empfindungen, doch haben sie positiven Sinn und Nutzen. Ohne Furcht und Angst wären wir gar nicht überlebensfähig und würden uns und andere in Gefahr bringen. Ebenso wie Angst blockieren kann, so kann sie auch beflügeln – vorausgesetzt, wir lernen, ihre immense Kraft zu nutzen und für unsere Vorhaben konstruktiv einzusetzen. Die in diesem Gefühl verborgenen Entwicklungschancen führen zu einem stimmigen Umgang mit sich selbst.

Stehaufmännchen

Um sich aus der Ohnmachtsstarre schrittweise herauszuwagen, dient die »Stehaufmännchen-Technik«. Sie verdeutlicht, dass es in Ordnung und einfach nur menschlich ist, hinzufallen, aus der Rolle oder gar umzufallen. Es ist so, es wird so bleiben und immer wieder geschehen. Deshalb können wir es uns sparen, mit viel Kraft gegen die Furcht oder Angst anzukämpfen. Denn in dem Moment, in dem wir akzeptieren, dass wir a) aus dem Zentrum unserer Kraft geworfen werden und b) unsere Aufgabe darin besteht, Wege zu finden, wieder in unsere Power zu gelangen, sind wir kein Opfer unserer Ängste mehr. Die bremsenden Blockaden lösen sich, sodass wir wieder in Fluss kommen.

z.B.

Eine Unternehmensberaterin, mit der ich schon länger arbeitete, hatte plötzlich Angst, bei Kundenpräsentationen zu versagen. Grund dafür war ein negatives Feedback ihres neuen Vorgesetzten. Sie liebte ihre anspruchsvolle Arbeit und die große Bühne, die Kundenpräsentationen ihr boten. Sie war ehrgeizig und hoch motiviert, es in sechs Jahren bis zur Partnerin dieser Unternehmensberatung zu bringen. Im Coaching überprüften wir ihr Präsentationsverhalten per Videoanalyse – es war einwandfrei. Anschließend beleuchteten wir die verschiedenen Perspektiven für das negative Feedback ihres Vorgesetzten und ganz nebenbei räumten wir mit einigen behindernden Missverständnissen im Kopftheater meiner Klientin auf.

Bei der nächsten Kundenpräsentation gewann sie ein weiteres lukratives Mandat für ihre Firma und für sich den Status einer Senior Managerin.

Alles, was wir tun und lassen, hat Auswirkungen – beruflich, persönlich und gesellschaftlich. Oft hindert uns die Angst vor einer Blamage oder die Furcht, dumm dazustehen, daran, uns so zu verhalten, wie es uns entspricht.

Dessen sollten wir uns bewusst sein, wenn wir unsere Stärken und Schwächen ausloten, unsere Beweggründe hinterfragen und die eigene Positionierung im Vergleich mit anderen analysieren. Zu wissen, wer man ist und wer man eben nicht ist: Dieses bewusste Wissen heißt Selbstbewusstsein.

Sich so darzustellen, wie man glaubt, am besten beim Gegenüber anzukommen, ist ein weit verbreitetes Verhalten, das Ängsten Tür und Tor öffnet. Erst wenn Sie wirklich wissen, wer Sie sind, können Sie sich Ihrer selbst auch sicher sein. Sind Sie sich über die eigenen Möglichkeiten (Potenziale) im Klaren, fällt es leichter, sich selbst und anderen angstfrei Grenzen zu setzen, Nein zu sagen zu (Selbst-)Ausbeutung, wie auch immer gearteten Missbrauch zu verhindern, qualifizierte Entscheidungen zu treffen und zu ihnen zu stehen, auch wenn sie einmal unpopulär sind.

Souverän mit sich selbst

Wenn Sie inmitten Ihrer Selbstsicherheit auch gewisse Unsicherheiten zulassen können, beginnen Sie, sich zu akzeptieren, wie Sie sind – mit Ihren guten und weniger guten Eigenschaften. Es ist wie in einer Ehe, in der man sich Beistand in guten wie in schlechten Tagen verspricht, um nicht allein den Widrigkeiten ausgeliefert zu sein, sondern Unterstützung zu haben. Sind Sie sich der eigenen Persönlichkeitsstruktur bewusst, Ihrer Werte sicher, so haben Ängste weniger Platz. Die eigenen Werte in den Führungsalltag zu integrieren nimmt der Furcht vor bösen Mitarbeitern die Spitze. Ein klares Selbstwertgefühl ermöglicht Zivilcourage, die wichtig ist, um sich nicht widerspruchslos vor jeden noch so schmutzigen Karren spannen zu lassen.

Trotz anders lautender Lippenbekenntnisse wird solches Verhalten als unbequem eingestuft und schafft unter Umständen karriereschädliche Feinde. Feinde zu haben macht Angst. Hier beißt sich die Katze in den Schwanz? Nicht, wenn Sie geradlinig Ihren Weg gehen – das verschafft Ihnen Respekt. Wenn Sie genau hingeschaut haben, wer Sie sind, mit wem Sie es zu tun haben und welchen Wert das Ganze hat, fühlen Sie sich weniger bedroht. Es verschafft Ihnen Klarheit über das, was zu tun beziehungsweise was zu lassen ist. Die Sicherheit, dass die vorhandenen Ressourcen genügen, um das Ziel zu erreichen, bringt den Handlungsimpuls. Und wenn Sie handeln, haben Sie weniger Angst. Je öfter Sie sich der Angst in ihren verschiedensten Ausprägungen stellen, desto öfter haben Sie Gelegenheit, sich zu beweisen, dass Sie den Herausforderungen gewachsen sind. Und je öfter Sie sich das bewiesen haben, umso stärker wird Ihr Vertrauen in sich selbst! Ihre Integrität, Ihr Mut und Ihre Stärke sind auch für andere sichtbar.

Business-Spielregeln:

- ❑ Bringen Sie das verborgene Kraftpotenzial, das hinter Ihren oftmals diffusen, dunklen Gefühlen und Ängsten steckt, ans Tageslicht.
- ❑ Haben Sie den Mut, Schritt für Schritt dieses Kraftpotenzial zu entdecken, sinnvoll zu nutzen und konstruktiv für Ihren beruflichen Erfolg einzusetzen.
- ❑ Unterscheiden Sie dabei zwischen Ihrer eigenen Person und Ihren Gefühlen. Nehmen Sie Ihre Gefühle wahr, aber seien Sie sie nicht.
- ❑ Wechseln Sie immer einmal wieder die Perspektive und betrachten Sie die Dinge von außen. Nutzen Sie, was Sie nicht ändern können.

Love it, change it or leave it – Abschied nehmen

Auf zu neuen Ufern!

Sie haben herausgefunden, dass Sie sich in einer Situation befinden, die Sie wirklich nicht (mehr) brauchen. Sei es, dass Sie ein Projekt nicht mehr weiterführen wollen oder die Position beziehungsweise das Unternehmen verlassen werden. Etwas abzulehnen heißt, erst einmal Nein zu sagen. Das fällt vielen Frauen schwer. Deshalb bedenken Sie bitte, dass ein klares Nein zu dem einen immer auch ein deutliches Ja zu etwas anderem bedeutet.

To do

Bevor Sie sich auf den Weg machen, reflektieren Sie noch einmal die Situation, in der Sie sich befinden. Was ist das Positive daran? Wodurch könnten Sie die Situation erträglicher gestalten? Wie könnte das geschehen? Gesetzt den Fall, es wäre so, wie würden Sie dann entscheiden? Was wollen Sie an sich ändern? Was haben Sie hier gelernt? Wofür sind Sie dankbar?

Bestimmen Sie selbst, was für Sie und Ihr Leben das Beste ist, anstatt sich dem Zeitgeist zu beugen oder sich auf etwas einzulassen, von dem Sie schon jetzt wissen, dass Sie unzufrieden oder gar unglücklich werden. Wenn Sie eine Veränderung, eine neue Position oder einen Unternehmenswechsel anpeilen, überlegen Sie sich vorher, ob

- ❑ Sie dadurch Ihren beruflichen und/oder persönlichen Horizont erweitern werden,
- ❑ der Wechsel Ihre Fähigkeiten nutzt und weiter ausbauen hilft,
- ❑ Sie Ihre bisherigen Grenzen durch gezielte Entwicklungsschritte weiter stecken wollen und auch können.

!

Bedenken Sie, was nach dieser Veränderung sein wird. Welche Türen gehen auf, welche schließen sich? Oder sind Sie vielleicht bereits dort angekommen, wo Sie schon immer sein wollten?

Es ist klar nachvollziehbar und vollkommen normal, wenn Sie an einer solchen Weggabelung unsicher sind. Halten Sie inne, bestimmen Sie Ihre Position und holen Sie sich Hilfe und Unterstützung. Persönlich durch klärende Gespräche, im Internet durch Erfahrungsberichte oder in Büchern. Literaturempfehlungen finden Sie im Anhang.

Konflikte sind zum Lösen da

Lösen Sie sich von weiblicher Harmoniesucht und freuen Sie sich über Konflikte! Das mag paradox klingen, doch in Konflikten liegen große Chancen für Veränderung – und in Veränderungen liegt im Umkehrschluss stets ein großes Konfliktpotenzial. Unterschiede in Ansichten, Meinungen, Zielsetzungen und Hintergründen werden deutlich und lassen Sie die ganze Dschungelvielfalt erkennen und sinnvoll nutzen. Unterschiedliche Stärken und Schwächen sind sowohl personell als auch in der Sache deutlich sichtbar. Weil niemand Konflikte wirklich gern mag und sie für fast alle Menschen eine Belastung darstellen, wecken Konflikte den Impuls nach Veränderung. So kann sich besseres Neues gegen belastendes Altes leichter durchsetzen.

Nicht nur Führungskräfte müssen Stellung beziehen und brauchen eine gewisse Konfliktstärke. Jeder kann Flagge zeigen, Unpopuläres ansprechen, für Klarheit sorgen, Konflikte eskalieren und dadurch lösen, unlösbare Konflikte aushalten – alles sozialkompetent mit diplomatischen Geschick. Dazu braucht es nicht immer eine disziplinarische Führungsverantwortung, sondern gutes Selbstmanagement.

Verschleppen oder lösen?

Bevor Sie handeln oder nicht handeln, empfiehlt es sich, die Konsequenzen bestimmter Handlungsoptionen durchzuspielen und auf kurz- und langfristige Folgen hin zu untersuchen. Manchmal ist es auf den ersten Blick schmerzhafter, einem Konflikt oder Gegner scharf ins Auge zu sehen. Auf die Dauer kann ein Nichthandeln aber viel schwerwiegendere Konsequenzen haben. Zwei Fragen, die Sie sich dazu stellen sollten, sind:

1. Welche Folgen hat ein Handeln – kurzfristig? Langfristig?
2. Welche Folgen hat ein Nicht-Handeln – kurzfristig? Langfristig?

To do

Jeder weiß: Was unter der Oberfläche schwelt, verbraucht mehr Energie und birgt höhere Gefahren als jede offene Auseinandersetzung. Direkte Kommunikation löst Konflikte auf. Deshalb benutzen Sie folgende Fragen, um Konflikte gemeinsam und konstruktiv zu lösen:

1. Worum geht es? (Sachfrage)
2. Worum geht es dir? (Die Sache aus dem Blickwinkel des anderen betrachten)
3. Worum geht es mir? (Den eigenen Anteil kritisch hinterfragen!)
4. Welche Lösung(en) kann es geben? (Suche nach der Möglichkeit)
5. Mit welcher Lösung gewinnen wir beide? (Gemeinsamkeiten erörtern)
6. Entscheiden, was getan werden soll
7. Die Umsetzung klar vereinbaren
8. Lösen!

Denken Sie bitte stets daran, dass es genauso viel Kraft braucht, einen Konflikt zu verschleppen, wie ihn zu lösen!

Etablieren Sie sich als Konfliktlöserin!

Konflikte sind für alle Beteiligten unangenehm und schwer auszuhalten. Wenn Sie die Rolle der Konfliktlöserin übernehmen und es Ihnen gelingt, manche Bomben zu entschärfen, bevor sie hochgehen, ist Ihr berufliches Vorankommen gesichert. Sprechen Sie einen Konflikt konstruktiv mit Ich-Botschaften an, indem Sie zuerst Ihre Sichtweise schildern, zum Beispiel »Mir ist aufgefallen, dass …«, die Auswirkungen beschreiben –»Für mich heißt das …« – und Ihre Gefühle benennen: »Ich fühle mich …« Dann erfragen Sie, wie der andere die Situation sieht, »Wie sehen Sie das?«, und ziehen gemeinsam Schlussfolgerungen: »Wie könnte eine Lösung aussehen?« Zum Beispiel: »Ich wünsche mir …«

Um die Stärke eines Konflikts realistisch einzuschätzen, ist Folgendes zu klären:

- ❑ Um welche Sachverhalte geht es?
- ❑ Werden unterschiedliche Meinungen grundsätzlich akzeptiert?
- ❑ Werden Meinungsverschiedenheiten offen ausgetragen oder eher verdeckt?
- ❑ Ist die Kommunikation sachlich und lösungsorientiert oder gibt es Rechthaberei und Vorwürfe?
- ❑ Gehen die Parteien nach einer Auseinandersetzung wieder aufeinander zu oder bleiben sie angespannt?
- ❑ Zeigen die Beteiligten Anzeichen emotionaler Betroffenheit/ Belastung?
- ❑ Inwiefern beeinträchtigen Meinungsverschiedenheiten das Umfeld, die Arbeitsergebnisse, das Klima, die Zusammenarbeit der Beteiligten?
- ❑ Existieren wirklich unvereinbare Interessen?

Konfliktlösung

Wenn Sie dies zufriedenstellend abgeklärt haben und sich der Konfliktlösung annehmen wollen, können Sie durch folgende Überlegungen eine Lösung anvisieren:

- ❑ Sind die Parteien an einer Lösung interessiert? Wenn nicht, was brauchen sie dazu?
- ❑ Welche Versuche gab/gibt es, den Konflikt zu lösen?
- ❑ Wie werten die Beteiligten den Konflikt?
- ❑ Haben Sie alle nötigen Informationen und Rechte, um den Konflikt zu lösen?
- ❑ Gibt es die Möglichkeit, Lösungsvereinbarungen zu treffen, anstatt sie zu diktieren?
- ❑ Widerstände sind Bestandteile von Konflikten. Wie können Sie und die Beteiligten konstruktiv damit umgehen?
- ❑ Welche Konsequenzen hätte ein Scheitern?
- ❑ Haben Sie die Macht und können Sie ein Exempel statuieren?

Kurz & bündig

Egal in welcher Situation Sie stecken: Worte sind immer auch Waffen. Mit Worten können Sie andere manchmal mehr verletzen als mit Taten. Verzichten Sie deshalb auf eine aggressive Sprache, denn dies schadet Ihnen und der Business-Situation, in der Sie gerade stecken.

- Vermeiden Sie Killerphrasen wie »Das sehen Sie völlig falsch«, »Jetzt beruhigen Sie sich doch« oder »Das ist doch Ihr Problem«.
- Verwenden Sie in unangenehmen Situationen saubere Ich-Botschaften und bleiben Sie höflich, zum Beispiel: »Ich habe mich über die pauschale Äußerung ›Das sehen Sie völlig falsch!‹ geärgert. Ich bitte Sie, Ihre Aussage mehr zu konkretisieren.«
- Haben Sie Mut zu sachlicher Konfrontation. Zum Beispiel: »Eigentlich bist du eine nette Kollegin/ein netter Kollege. Willst du mir nicht sagen, was du hast?«
- Sprechen Sie Konflikte so früh wie möglich an und suchen Sie gemeinsam mit allen Beteiligten nach Lösungen für ihre Bedürfnisse. Wählen Sie einen neutralen Ort dafür.
- Bedürfnisse weisen auf einen Mangel hin. Was fehlt, was braucht es, damit eine nachhaltige Lösung entsteht?
- Erarbeiten Sie gemeinsam mit allen Beteiligten neue, funktionierende Spielregeln. Bedenken Sie dabei, dass Menschen keinen Reset-Knopf haben und sich schwer von ihren Meinungen lösen.

Profilieren Sie sich und schaffen Sie sich einen guten Ruf als Konfliktlöserin. Falls Ihnen einmal ein Konflikt aus dem Ruder läuft und der Schuss nach hinten losgeht, halten Sie es mit Winston Churchill: »Erfolg heißt einmal mehr aufstehen als hinfallen.«

12 Führen oder geführt werden?

Man kann nicht hoffen, die Welt zum Besseren zu wenden, wenn sich der Einzelne nicht zum Besseren wendet.
Marie Curie

Im Jahr 2001 erst etablierte sich die Chancengleichheit von Männern und Frauen. Zwischenzeitlich sind über Frauen in Führungspositionen wahrscheinlich mehr Studien gemacht worden, als es Frauen in diesen Positionen gibt. In Deutschland sitzen nur auf einem Fünftel der mittelständischen Chefsessel Frauen. Interessanterweise gelangen sie in Betrieben mit geringem Frauenanteil öfter in verantwortliche Positionen als in denen mit hohem Frauenanteil.

Schlüsselmerkmale weiblicher Führungskräfte

Weibliche Führungskräfte leben anders als männliche, haben sie doch niemanden, der ihnen den Rücken freihält. Ihre Haushalte sind kleiner, sie leben häufiger allein, nur mit Partner oder sind alleinerziehend. Männer leben häufiger mit Partnerin und Kind(ern). Führungsfrauen sind häufiger kinderlos als Männer in gleicher Funktion. Dass Kinder und Führungspositionen noch nicht optimal zusammenpassen, zeigt sich bei Frauen ungleich deutlicher als bei Männern. Doch Führungstätigkeit und Kinder müssen sich nicht ausschließen, wenn Führungskräfte selbstständig planen und koordinieren können. Unabhängig davon, ob eine Frau Kinder hat oder nicht, stellen die Lebensjahre zwischen 30 und 44 ein Karriererisiko für sie dar, weil sich viele Frauen in ihrem Job und/oder in der Mehrfachbelastung zu stark verausgaben. Rechtzeitig auf die eigenen Ressourcen zu achten und zu lernen, sie zielorientiert einzusetzen, ist für Frauen extrem wichtig, wenn sie ihre Leistungsfähigkeit behalten wollen.

Als Schlüsselmerkmale weiblicher Führungskräfte gelten neben einem team- und beziehungsorientierten Führungsstil:

- Frauen konzentrieren sich mehr auf Qualität, Integrität und Authentizität.
- Frauen delegieren weniger als Männer und lassen sich leichter klein halten.
- Frauen haben zu hohe Ansprüche an sich selbst, kämpfen mit Selbstzweifeln, halten weniger von Selbst-PR und haben Probleme mit Neid und Missgunst.

Vieles daran stimmt und einiges wäre schnellstens zu ändern – indem wir von Männern lernen und so lange üben und experimentieren, bis wir unsere eigene Führungskultur im Unternehmen etabliert haben. Nehmen Sie's sportlich auf dem Weg dorthin – Neid muss man sich verdienen, Mitleid bekommt man geschenkt.

Die ideale Führungskraft

Führung ist eine Haltung

Gute Führungskräfte genießen das Vertrauen ihrer Vorgesetzten, Mitarbeiter, Kollegen und Kunden gleichermaßen. Führungskräfte mit der richtigen Haltung

- setzen Mitarbeiter ihren Fähigkeiten entsprechend ein,
- können Lob und Kritik gleichermaßen geben, ohne zu demotivieren,
- arbeiten miteinander statt gegeneinander,
- behalten auch in schwierigen Situationen einen kühlen Kopf,
- stehen zu ihrem Wort und zu den Verdiensten ihrer Mitarbeiter,
- sind sich bewusst, dass auch sie Fehler machen, und holen sich Unterstützung.

Als Führungskraft sind Sie oft allein mit Ihren Sorgen und Nöten. Sie haben es mit politischen Ränkespielen und intriganten Neidern zu tun, dürfen wenigen Menschen vertrauen und sind Ihren eigenen Bedenken, Ängsten und Überlegungen ausgeliefert. Um die damit verbundenen Gefahren überschaubar zu halten, sollten Sie eine unbeteiligte Vertrauensperson haben, die Ihnen entlastend zur Seite steht. Dazu eignet sich ein Freund oder ein externer Coach, der Ihnen immer wieder hilft, die Dinge von einer übergeordneten Warte aus – der Meta-Ebene oder Helikopter-Perspektive – zu betrachten. Gerade für Sie als weibliche Führungskraft gilt: Innige Zuneigung und persönliche Freundschaften suchen Sie sich außerhalb des Business!

Die Anforderungen an die ideale Führungskraft sind vielfältig, in ihrem Arbeitsmittelpunkt steht immer der Mensch. Aufgrund ihrer ausgeprägten Soft Skills eignen Frauen sich hierfür in besonderem Maße. Sie führen situativ angepasst, sind bei aller Flexibilität gut organisiert und denken kooperativ. Der frühere Weichspüler fehlt, denn im Durchsetzungsvermögen haben sie im Vergleich zu männlichen Führungskräften aufgeholt. Frauen neigen allerdings weniger zur Selbstüberschätzung und demonstrieren weniger Macht- und Herrschaftsdenken als ihre männlichen Pendants.

Ihr Ziel als Führungskraft und auf dem Weg dorthin muss sein, im Unternehmen ernst genommen und respektiert zu werden. Dazu brauchen Sie neben Konflikt-, Kritik- und Delegationsstärke viel Überzeugungsvermögen.

Bei aller Durchsetzungsfähigkeit ist eine klare Verpflichtung gegenüber Ihren Mitarbeitern wichtig, damit diese ihr volles Potenzial entfalten und nutzen können, um bestmögliche Leistung zu bringen. Das bedeutet, dass Sie Ihre Mitarbeiter als Menschen wahrnehmen, anstatt sie auf den Begriff Humankapital zu reduzieren, ihnen Aufgaben geben, die sie erfüllen und an denen sie wachsen können.

z.B. Als Führungskraft gleichen Sie einem Hirtenhund, der seine Herde von Schafen schützt und darauf achtet, dass sie dahin kommt, wo sie hin soll. Ein Hirtenhund achtet darauf, dass seine Schäflein unbeschadet wachsen und gedeihen. Hirtenhunde haben ihre Augen überall, sie fordern und fördern jedes Herdenmitglied. Das störrische Schaf wird »eingenordet«, damit es mit der Herde zieht. Das langsame Schaf wird angetrieben und das vorauseilende etwas gebremst, um ein einheitliches Herdentempo herzustellen. Genauso müssen Sie als Führungskraft manchmal bellen oder gar beißen, manchmal schieben oder ermuntern und manchmal deutliche Worte finden, um Klarheit zu schaffen. Nur eines dürfen Sie nicht: Versuchen Sie niemals, ein Herdenmitglied zu sein, auch wenn Sie noch so gern ein Schaf wären! Sie sind und bleiben der Hirtenhund, wenn Sie als Führungskraft ernst genommen werden wollen.

Zehn Regeln für Ihr optimales Verhalten als Führungskraft:

Regeln für optimales Führungsverhalten

1. Hören Sie aktiv und interessiert zu. Nur wer sich als Person respektiert und ernst genommen fühlt, kooperiert gern und gut. Fragen Sie – denn wer fragt, führt!
2. Informieren Sie zielgenau und zweckmäßig. Sagen Sie klipp und klar, was Sie wollen und erwarten. Geben Sie klare Anweisungen statt indirekter Andeutungen.
3. Gehen Sie auf Ihr Gegenüber ein und lösen Sie Konflikte auf der Sachebene, anstatt sie persönlich zu nehmen.
4. Entwickeln Sie einen Sinn für Ausgewogenheit – auch beim Ja- und Nein-Sagen. Lassen Sie keine Rückdelegation zu, sondern befähigen Sie Ihre Mitarbeiter, die ihnen gestellten Aufgaben zu lösen.
5. Fördern Sie gegenseitige Achtung, Verständnis und Vertrauen. Stehen Sie zu Ihrem Wort und zu sich.
6. Unterbrechen Sie Jammern, Tratsch und Klatsch. Das kostet teure Zeit, positive Energie und schafft ein mieses Business-Klima.

7. Seien Sie qualitätsbewusst, aber nicht perfektionistisch. So lassen sich auch enge Termine leichter einhalten.
8. Suchen Sie nach Lösungen, anstatt auf Problemen herumzureiten. Falls nötig, üben Sie entsprechende Kontrolle aus und klare Kritik am Verursacher.
9. Sie repräsentieren sich, Ihre Abteilung und Ihr Unternehmen. Achten Sie auf gelungene Selbst-PR, sonst entdeckt Sie keiner.
10. Auch Sie sind »nur« eine Mitarbeiterin. Erinnern Sie sich ab und zu an die »optimale Führungskraft«, die Sie sich gewünscht haben, als Sie noch keine waren.

Erfolgreich delegieren

Wer führen will, muss delegieren können. Entweder Sie wollen weiter nach oben kommen oder Sie machen immer alles selbst. Gekonnte Delegation geht so:

- ❑ Delegieren Sie die richtigen Aufgaben an die richtigen Mitarbeiter. Überlegen Sie sich, welcher Mitarbeiter für welche Aufgabe optimal geeignet ist und ob er neben Fachkompetenz auch die persönlichen Voraussetzungen mitbringt, um an dieser Aufgabe zu wachsen.
- ❑ Stellen Sie bei jeder Form der Delegation sicher, dass Ihre Mitarbeiter wissen, warum sie etwas bis wann in einer bestimmten Qualität erledigen sollen. Machen Sie sich Notizen, damit Sie wissen, wem Sie was aufgetragen haben.
- ❑ Erklären Sie ihnen, was für den Einzelnen, die Abteilung und eventuell die gesamte Firma davon abhängt, dass sie ihre Aufgabe bestmöglich erledigen, und wie wichtig ihr Beitrag ist – auch der von sogenannten Untergrundmitarbeitern, wie dem Putzpersonal, das man kaum oder nicht sieht, dessen Dienste jedoch sehr wichtig sind. Stellen Sie sich nur die Situation vor, wenn im Bürogebäude die Papierkörbe überquellen oder vergessen wird, Toilettenpapier nachzulegen.

- ❑ Jeder arbeitende Mensch braucht das Gefühl, eingebunden und wichtig zu sein, auch falls es sich um ungeliebte Routineaufgaben handelt. Routinetätigkeiten sind wichtig – sie entlasten das Gehirn. Nur der stete Wechsel von hoher Konzentration und automatischem Tun stärkt den Kreativitätsmuskel unseres Gehirns und hält ihn dynamisch.
- ❑ Sie führen wertschätzend, lobend und anerkennend – die anderen führen aus! Sie kontrollieren, wo nötig und sinnvoll.

Eine Führungsaufgabe übernehmen

Wenn Sie sich für eine Linienfunktion entscheiden, berücksichtigen Sie, dass Sie als Führungskraft mehr führen als durchführen werden. Anstatt sich mit spannenden Projekten fachlich auseinanderzusetzen, werden Sie Mitarbeiter motivieren, anspornen, pushen, kontrollieren etc. Möchten Sie das und entspricht es Ihnen? Als Führungskraft haben Sie größeren Einfluss auf das Unternehmensimage und mehr Macht, Ihre Spielregeln durchzusetzen. Als Managerin können Sie viel zu einem guten Unternehmensklima beitragen, vor allem durch faires, menschliches Miteinander. Sie werden daran gemessen, welche Taten Sie mit Ihren Mitarbeiter vollbringen. Eine Auswahl von Führungsliteratur finden Sie auf Seite 219.

Stärken einer starken Führungskraft

Wenn Sie führen wollen, ist es wichtig, dass Sie Stärken in folgenden Bereichen haben und sich mit diesen Themen auseinandersetzen wollen:

1. Kritikfähigkeit: Können Sie gleichermaßen berechtigte Kritik annehmen und geben? Wie steht es um Ihre Fähigkeit, unberechtigte Kritik abzulehnen und Ihre Mitarbeiter davor zu schützen?
2. Konfliktfähigkeit: Führungskräfte müssen Stellung beziehen. Sie sollen Flagge zeigen, Unpopuläres ansprechen, für Klarheit sorgen, Konflikte ansprechen und lösen, unlösbare Konflikte aushalten – alles sozialkompetent und mit einer Prise diploma-

tischem Geschicks. Geben Sie Ihren Mitarbeitern direktes Feedback. Das frühere »Nicht geschimpft ist genug gelobt« reicht nicht mehr. Seien Sie großzügig mit ehrlichem Lob und überlegt mit konstruktiver Kritik.

3. Kommunikation ist die Basis für Ihren Erfolg als Führungskraft. Neben der angemessenen Sprache im Unternehmen müssen Sie klar mit Mitarbeitern kommunizieren, sie spüren lassen, dass Sie gern mit ihnen arbeiten, und immer wieder Vertrauen herstellen. Wenn Sie Ihren Mitarbeitern den Rücken stärken, hat blockierende Versagensangst keine Chance. Erweitern Sie Ihre Fragekompetenz. Fragen Sie, bis Sie alle Informationen haben, die für Ihre Entscheidung nötig sind. Mitarbeiter zeigen gern, was sie wissen. »Wer fragt, erscheint fünf Minuten dumm, wer nicht fragt, bleibt es ein ganzes Leben«, sagte schon Konfuzius. Keine Angst: Sie kommen nicht inkompetent rüber, wenn Sie fragen, sondern interessiert und motivierend für Ihre Mitarbeiter.
   Stellen Sie vorwiegend offene Fragen. Sie beginnen alle mit W, zum Beispiel Wie, Wer, Wann, Weshalb, Wodurch, Wozu ... Sie können weder mit Ja, Nein oder Vielleicht beantwortet werden. Sie erfahren, was Ihr Gegenüber denkt. Geschlossene Fragen (sogenannte Entscheidungsfragen) können mit Ja, Nein oder Vielleicht beantwortet werden und eignen sich dazu, konkrekte Dinge und Definitives zu erfahren.
4. Konsequenz: Eindeutiges Handeln ist ebenso wichtig wie die Konzentration auf das Wesentliche. Wenn Sie heute so und morgen anders entscheiden, wird Ihr Hü-und-hott-Management für Ihre Mitarbeiter unberechenbar und schafft Unsicherheit. Die Zukunft besteht aus Wahrscheinlichkeiten, auch wenn berufliche Dinge berechenbar erscheinen. Vor jeder Entscheidung ist es unabdingbar, dass Sie sich Klarheit verschaffen: Was ist wesentlich? Was das Zielführende? Was wollen Sie? Schnelle Entscheidungen müssen keine guten Entscheidungen sein. Endloses Zaudern bringt auch nicht weiter. Nehmen Sie sich deshalb die Zeit, die Sie brauchen. Es ist legitim, über wichtige

Entscheidungen eine Nacht zu schlafen. Vielleicht wollen Sie zusätzlich Ihre Intuition, Ihre Gefühle beziehungsweise Ihr Unterbewusstsein um einen Impuls bitten?

5. Vertrauen in die eigene Intuition und das Körpergefühl: Beziehen Sie neben dem Verstand auch Ihre Intuition und Ihre Körpersignale – die somatischen Marker – in Ihre Entscheidungsfindung mit ein. Letztere sind zum Beispiel der Kloß im Hals, das mulmige Gefühl, das vor Freude hüpfende Herz. Wenn Sie gesund bleiben wollen, nehmen Sie diese Impulse ernst. Sie sind Mitteilungen Ihres turboschnell arbeitenden emotionalen Gedächtnisses und haben große Relevanz. Es ist im Dschungel besser, zu sagen »Dabei habe ich kein gutes Gefühl. Lasst uns noch mal nachdenken«, als quasi sehenden Auges im Morast zu versinken.
6. Die Balance zwischen Kontrolle und Loslassen: Entscheiderinnen halten sich nicht mit Kleinigkeiten auf. Beziehen Sie Ihre Mitarbeiter in die Aufgaben und Ziele Ihrer gemeinsamen Arbeit ein, involvieren Sie sie in Ihre Entscheidungsfindung. Doch: Sie entscheiden, was Sie selbst tun müssen und was Sie delegieren können. So fördern Sie die Entwicklung Ihrer Mitarbeiter, indem Sie ihnen immer mehr zutrauen und dann auch einfordern. Überprüfen Sie, ob das Delegierte auch richtig erledigt wurde. Der sogenannten »Rückdelegation« entgehen Sie, wenn Sie Mitarbeitern zwar eine gewisse Hilfestellung geben, die Problemlösung jedoch beim Mitarbeiter selbst lassen. Sie entlasten sich, motivieren Ihre Mitarbeiter und profilieren sich als kompetente Führungspersönlichkeit.
7. Zeigen Sie Humor. Lachen Sie mit Ihren Mitarbeitern und schenken Sie ihnen Ihre Aufmerksamkeit. Das schafft Zusammengehörigkeit, Leichtigkeit und Vertrauen.

Denken Sie daran, was Sie sich immer von Ihren Vorgesetzten gewünscht haben, und setzen Sie dieses Wunschdenken in die Realität um – jetzt!

STOP Nichts ist so zerstörerisch im Unternehmen wie eine Führungskraft, die ihre Mitarbeiter schlecht behandelt, sich überheblich distanziert, schlecht plant und Konflikte meidet. Demotivierte Mitarbeiter fügen durch Fehlverhalten, Dienst nach Vorschrift, Null-Bock-Einstellung und innere Kündigung den Mitarbeitenden und dem Unternehmen großen Schaden zu.

Als gute Managerin wird man nicht geboren

Viele junge Führungskräfte unterschätzen die Anforderungen der Führungsrolle. Sie glauben, dass ihnen mit dem Jobtitel auch gleich die entsprechende Autorität verliehen wird. Geprägt durch ein elitäres Studium oder ihre Erfolge als Einzelkämpfer, die ihnen letztlich meist die Beförderung zur Führungskraft eingebracht haben, stellen sie sich oft die Frage, weshalb sie ihre schützende Nische im Kompetenzhimmel des Unternehmens aufgegeben haben.
Als frischgebackene Managerinnen sollen sie Mitarbeiter motivieren, Prozesse strukturieren und Zukunft gestalten – meist auch noch im Learning by Doing. Das löst manchmal Panik aus, doch durch Fehler lernen sie, ihr Verhalten anzupassen und von ihren Mitarbeitern zu lernen. So entwickeln sie eine neue Identität und neue Sichtweisen, denn als gute Managerin wird man nicht geboren.

Tipp Um diesen Prozess weniger anstrengend zu gestalten, einige Tipps:
Hören Sie Ihren Mitarbeitern erst einmal zu. Es gibt wenig Grund, als Anfängerin gleich loszupreschen, die Abteilung umzukrempeln und formale Macht zu zeigen. Viel wichtiger ist es, Ihre Glaubwürdigkeit zu demonstrieren, Vertrauen aufzubauen und zu lernen, was Ihre Mitarbeiter dazu befähigt, engagiert und verantwortlich ihren Job zu tun.
Die Mitarbeiter werden Sie prüfen – sie kennen die Arbeit vielleicht besser als Sie. Investieren Sie Zeit und Kraft in diese Beziehungen, kommunizieren Sie persönlich und durch regelmäßige Treffen.

So können Sie die wechselseitigen Abhängigkeiten im Unternehmensgeflecht mit oft gegensätzlichen Forderungen immer wieder aufs Neue aushandeln: Lernen Sie, mit vielen Bällen zu jonglieren, auch wenn es nur dazu dient, den Status quo aufrechtzuerhalten. Empfehlen Sie Veränderung und stoßen Sie Veränderungen an. Befehlen Sie nicht, sondern schaffen Sie einen Geist der Zusammenarbeit und des gegenseitigen Respekts. Haben Sie realistische Erwartungen. Es geht nicht mehr um Sie allein und Ihren Erfolg. Es geht um gut funktionierende Beziehungen und eine gute Teamleistung. Dazu ist es wichtig, dass Sie alle Mitarbeiter gleich behandeln. Bevorzugen Sie niemanden und unterschätzen Sie die Kontrollkraft der Gruppe nicht. Unruhe im Team wirkt über die Abteilung hinaus.

Ihre Sichtbarkeit als Führungskraft ist groß und Fehler machen kein Vergnügen. Im Unternehmen um Hilfe zu bitten ist schwierig, denn man könnte ja denken, Sie zu Unrecht befördert zu haben. Suchen Sie sich eine(n) gute(n) Mentor(in), eine erfahrene Führungskraft mit langer Routine, die selbst viele Fehler gemacht und daraus gelernt hat. Gewöhnen Sie sich an, zu jedem Problem, das Sie besprechen, selbst gleich einen oder mehrere Lösungsansätze zu entwickeln, zu denen Sie Rat einholen. So lernen Sie am meisten. Eine meiner Klientinnen sagte über ihr erstes Führungsjahr, dass sie sich 365 Tage gefühlt habe wie im Abschlussexamen ihres Studiums. Es ist harte Arbeit, sich den Respekt und die Glaubwürdigkeit zu verdienen, und Sie kommen nicht umhin, an Ihrer Persönlichkeit zu arbeiten und tagtäglich den Willen und die Absicht zu zeigen, das Richtige zu tun.

Business-Spielregeln:

- ❑ Seien Sie fair, klar, mutig und weitestgehend so, wie Sie sind. Dadurch werden Sie für andere (be)greifbar, man glaubt Ihnen und kann sich auf Sie beziehen. Mitarbeiter schätzen das, erzählen es weiter, der Flurfunk rauscht, Ihre Abteilung bekommt einen guten Ruf, man wird aufmerksam an höherer Stelle und – schwupps! – schon ist die nächste Sprosse der Karriereleiter da …

- ❑ Keine Angst! Jede Führungskraft fühlt sich phasenweise unsicher oder hat Angst, überfordert zu sein. Die Komplexität des Führungsalltags ist manchmal geradezu furchteinflößend. Von Führungskräften erwartet man, dass sie eine Atmosphäre von Zuversicht auch in schlimmen Situationen verbreiten. Klären Sie solche Phasen mit einem externen Coach – bitte nicht mit Ihrem Vorgesetzten, Ihrer besten Kollegin, dem sympathischen Kollegen oder gar Ihren Mitarbeitern!

Entscheidungen treffen

Wir müssen ständig entscheiden

Jeder Tag verlangt Tausende Entscheidungen, von denen viele unbewusst getroffen werden, andere hingegen Nachdenken erfordern. Entscheidungen werden oft intuitiv gefällt, als Ergebnis von Kenntnis und Erfahrung wird ohne Zeitverlust sofort gehandelt. Ob eine Entscheidung richtig oder falsch ist, stellt sich meist erst später heraus. Bei Fehlern können Sie versuchen, gegenzusteuern, die Konsequenzen abzufedern oder zu mildern – doch aufzuheben sind getroffene Entscheidungen nicht.

Ein Rezept für richtige Entscheidungen gibt es nicht, konkrete Schritte für einen besseren Entscheidungsprozess schon – und dieser ergibt bessere Entscheidungen. Orientieren Sie sich dabei konsequent an zuvor gesteckten Zielen und Ihren eigenen Werten. Bauen Sie Ihre Überlegungen auf objektiven Informationen auf und verbinden Sie Ihre Intuition mit rationalen Kriterien. Hinterfragen Sie Ihre eigene Auffassung und legen Sie Ihrer Entscheidung nachvollziehbare methodische Regeln zugrunde, die Sie immer wieder anwenden können. Übernehmen Sie die Verantwortung für Ihre Entscheidung.

Führen – Nein danke?

Sie sollen Führungskraft werden und fühlen sich davon wenig angezogen? Sie haben bereits eine Führungsrolle inne und möchten sich davon lösen? Das kommt öfter vor, als Sie glauben. Mitarbeiterführung ist eine komplexe Herausforderung und für manche Menschen oftmals schwierig. Wenn Sie das Gefühl haben, ein Opfer zu bringen, indem Sie eine Führungsaufgabe übernehmen, sollten Sie gut überlegen, bevor Sie akzeptieren. So haben zum Beispiel viele leitende Top-Führungskräfte weltweit agierender Großunternehmen durch kontinuierliche Überlastung Burnout und schlimme Depressionen erlitten. Als Konsequenz beschlossen sie, eine weniger anstrengende Stelle ohne Führungsverantwortung anzunehmen. Das sind keine Einzelfälle. In 2008 untersuchten Forscher der Universität Warwick über 1000 Menschen, die in führende Positionen aufgestiegen sind. Dabei stellten sie fest, dass sich deren psychische Verfassung um bis zu 10 Prozent verschlechtert hat.

An der Spitze ist es eng

An der Spitze ist es eng, dort kann meistens nur einer stehen. Auch nur einer kann gewinnen. Trotzdem: Wir glauben, wir müssten alle dorthin. Was für ein Quatsch! Nicht jeder hat Lust auf den rauen Wind dort oben oder das Zeug dazu, ihm standzuhalten. Bleiben Sie, wo Sie glücklich sind, tun Sie Ihr Bestes und seien Sie so bunt, wie Ihr Dschungelplatz erlaubt.

To do

Nehmen Sie Ihr Leben trotz verlockender Karrierechancen in die eigene Hand. Sie sind weder Opfer noch Sklavin irgendwelcher Umstände, sondern können Ihr Leben und Ihre Karriere selbst bestimmen. Dazu müssen Sie sich nicht an gängigen Erfolgsnormen orientieren, sondern an dem, was für Sie sinnstiftend und wichtig ist. Sie wollen zum Beispiel eine gute Arbeit mit entsprechendem Verdienst. Sie wollen glücklich und zufrieden sein. Am Ende Ihres Tages wollen Sie das Gefühl genießen, etwas vollbracht und etwas Gutes getan zu haben. Es ist für Sie wichtig, zu wissen, dass Ihr Leben einen Sinn hat und ihr Erfolgskonto peu à peu wächst. All das erreichen Sie nur, wenn Sie sich, Ihre Wünsche, Vorstellungen und Bedürfnisse kennen, ernst nehmen, dazu stehen und sie verwirklichen! Was ist in Ihrem Leben wirklich wichtig? Befragen Sie sich, werden Sie so konkret wie möglich, bis Sie wissen, wie Sie den »Rest Ihres Lebens« beruflich gestalten wollen. Schreiben Sie es auf, damit Sie sich stets erinnern.

Wenn Ihnen inhaltliches Arbeiten lieber ist, als sich im Führungsalltag auf dünnem Eis zu bewegen: Wo ist das Problem – tun Sie's doch! Es gibt schon genügend schlechte Führungskräfte in den Unternehmen, die für demotivierte, kranke Mitarbeiter und schlechtes Arbeitsklima sorgen. Und es gibt viele interessante Jobs, ohne dabei ein Hirtenhund sein zu müssen, wenn Sie keiner sind.

Aufstieg ohne Führung

Alternativen zu Führungspositionen gewinnen zunehmend an Bedeutung. So können Sie, anstatt die Hierarchie linear hinaufzuklettern, sich horizontal im Unternehmen bewegen. In einer Expertinnen-Rolle zum Beispiel, die Ihren Stärken und Präferenzen gerecht wird und Ihnen ebenfalls viel Einflussnahme bietet, ohne mit Führungsverantwortung gekoppelt zu sein. Als Einzelperson mit Stabsstelle sind Sie streng genommen zwar nur ein kleines Rädchen im Ganzen, doch abhängig von Ihrer Position vielleicht ein sehr wichtiges und unverzichtbares! In Großunternehmen haben Experten oft viel Einfluss und Verantwortung. Häufig reicht die Expertenlaufbahn bis hinauf in den elitären Kreis der oberen Führungskräfte. Sie können die Verantwortung für eine bestimmte Produktlinie in einem Land oder weltweit ebenso übernehmen wie die Verantwortung für ein Fachgebiet im Unternehmen oder in Unternehmensteilen. Die Rolle eines Consultant, der Beraterin, bietet Ihnen unter Umständen mehr Zugang zu interessanten Themen als eine lineare Führungskarriere.

Stabsstellen eignen sich für Menschen, die sich weiterentwickeln und dazulernen wollen. Recherchieren Sie doch einmal, was sich in Ihrem Unternehmen – oder dort, wo Sie arbeiten möchten – für eine Frau mit Ihrem Portfolio erreichen lässt.

Kurz & bündig

- ❑ Entwickeln Sie Disziplin und Klarheit. Wenn Ihnen das Wort zu altmodisch scheint, ersetzen Sie es durch Konsequenz, Standfestigkeit oder Commitment.
- ❑ Lassen Sie los und delegieren Sie! Nur wer ausreichend delegiert, schafft sein Aufgabenpensum, erreicht gesetzte Ziele und umgeht Überlastung oder Burnout.
- ❑ Werden Sie nicht zum Spielball der Probleme Ihrer Mitarbeiter. Führen Sie durch Empowerment, indem Sie die anderen ermächtigen und vor allem befähigen, ihre Probleme selbst zu lösen.
- ❑ Nehmen Sie im Rahmen Ihrer Möglichkeiten positiven Einfluss auf das Image Ihrer Abteilung und des gesamten Unternehmens. Orientieren Sie sich neben dem eigenen Erfolg auch am Erfolg der anderen – seien Sie kooperativ und großzügig beim Durchsetzen Ihrer Interessen.
- ❑ Wenn Sie keine Führungsaufgabe übernehmen wollen, stehen Sie dazu. Es kann nicht nur »Hirtenhunde« geben, die Vielfalt im Business ist groß.
- ❑ Hinterfragen Sie Ihre eigene Motivation, wenn Sie eine Führungsposition ablehnen. Vielleicht steckt dahinter »Feigheit vor dem Feind« oder »Angst vor dem Erfolg«? Wenn Sie diesen Verdacht haben, holen Sie sich schnellstens Unterstützung, denn es wäre schade für Sie, blieben Ihr Potenzial und Ihre Talente ungenutzt.

- ❑ Führung macht Spaß – es ist Mitspielen in der ersten Liga. Wer gut trainiert ist, Chancen nutzt und etwas wagt, kann leicht dabei sein.

13 Gekonntes Informationsmanagement im Dschungel

Alles Wissen über die Wirklichkeit geht von der Erfahrung aus und mündet in ihr.
Albert Einstein

Dutzende E-Mails, Geschäftsbriefe, wichtige Projekt- und Besprechungsberichte, allgemeine Memos, dringende Terminanfragen und viele Telefonate wollen täglich bewältigt werden. Die Informationsflut ist gewaltig und darf/muss von Ihnen sinnvoll gemanagt werden. Wo Informationen fließen, ist primär ein guter Platz – vorausgesetzt, Sie wissen sie zu kanalisieren und ertrinken nicht in ihrer Flut. Im schnelllebigen Business ist die Halbwertszeit von Informationen gering. Sitzen Sie nicht darauf wie die Henne auf den goldenen Eiern, sondern verarbeiten Sie diese leicht verderbliche Ware, bevor sie nicht mehr zu verwenden ist. Wissen wird erst dann wertvoll, wenn man es nutzt. Das geschieht überwiegend im Austausch mit anderen. In dem Wort Austausch steckt tauschen: »Ich gebe dir und du gibst mir.« Wenn Sie unsicher sind, fragen Sie sich, was Sie für Ihr Wissen bekommen wollen und was Sie damit bezwecken: Einen Schritt nach oben auf der Karriereleiter? Mehr kollegiale Sympathie? Die Zugehörigkeit zu einer bestimmten Gruppierung im Unternehmen? Persönliche oder finanzielle Anerkennung Ihrer Leistung? Oder geht es Ihnen um die Sache an sich und Sie möchten positiv Einfluss nehmen?

Informationen müssen fließen – Informationsaustausch ist wichtig

Durch den Austausch unterschiedlichster Informationen wächst Wissen rasanter, als es isoliert jemals möglich wäre. Durch neues Verknüpfen einzelner Daten oder Wissensbruchstücke können bahnbrechende Innovationen entstehen. Wohin mit Ihrem Reichtum an Informationen? Es lohnt sich wenig, ihn zu horten und erst dann preiszugeben, wenn das Kind bereits in den Brunnen gefallen ist. Im Wort preisgeben steckt ganz klar die Frage nach dem Preis. Das müssen nicht immer Euros sein. Wofür wollen Sie Ihr Wissen einsetzen? Was wollen Sie im Austausch dafür vom Empfänger, also dem künftigen Benutzer Ihres Wissens, haben? Welche Auswirkungen hat die Weitergabe Ihres Wissens? Was wird zerstört, was wird geschaffen, was wird erhalten? Dies sind Dinge, die Sie bedenken sollten.

Es ist wichtig, sich vorher ein paar Gedanken zu machen, welche Auswirkungen die Weitergabe von Informationen hat, anstatt fröhlich loszuplappern. Besonders auf Flughäfen erlebt man immer wieder, wie unbesorgt Verkaufszahlen, neue Geschäftsabschlüsse oder vertrauliche Unternehmensinterna per Handy und für alle Umstehenden hörbar besprochen werden. Das kann fatale Folgen haben.

Was Sie über Wissensmanagement wissen sollten

Wissen verändert die Welt. Ein Grund mehr, achtsam damit umzugehen. Stellen Sie sich vor, Sie erfahren, dass die von Ihnen so geschätzte Länder-Managerin in Schmiergeldzahlungen verwickelt sein soll. Wie verändern sich Ihre Wertschätzung und Ihr Verhalten gegenüber dieser Person? Werden Sie ihr nach wie vor loyal zuarbeiten oder eher vorsichtig sein? Wird die Managerin in Ihrer Achtung sinken oder können Sie die unternehmerischen Zwänge erkennen, weil der afrikanische Großauftrag sonst ausgeblieben wäre, der Ihr Unternehmen über eine Flaute gerettet hat? Seien Sie kritisch, wechseln Sie die Brillen und Hüte, bis Sie alle Perspektiven ausprobiert haben.

To do

Fragen, die Sie sich stellen sollten: Wie verhalten Sie sich am besten, wenn Sie etwas Neues entdeckt haben? Progressiv teilend wie »Schweigen ist Silber, Reden ist Gold« oder umgekehrt »Schweigen ist Gold«? Beides hat etwas für sich und sollte sowohl aus der Situation heraus als auch aus der Helikopter-Perspektive betrachtet werden. Wie immer Sie sich entscheiden – Ihr Wissen für sich zu behalten oder zu teilen –, bedenken Sie vorher mögliche Konsequenzen:

- ❑ Was kann geschehen, wenn Sie Ihr Wissen zeigen, was, wenn Sie es behalten, was, wenn Sie es weitergeben?
- ❑ Wer hat welches Interesse an Ihrem Know-how und weshalb?
- ❑ Welches ist der positivste, welches der negativste Fall?

Informationsflüsse im Unternehmen

Fehlt eine gut funktionierende Informationskultur im Unternehmen, gibt es umso besser funktionierende informelle Kanäle. Generell sagen diese und der Flurfunk viel über das Betriebsklima aus. Wenn die Gerüchteküche brodelt, können Sie sicher sein, dass es Stromschnellen gibt und in dunklen Wassern Unheil droht. Sie müssen eine ausgezeichnete und geschickte Schwimmerin sein, um nicht unterzugehen.

Wissensmanagement – Karriere mit Informationen

Je besser Sie im Unternehmen verdrahtet sind, desto mehr Informationen werden Sie besitzen. Wer gut netzwerkt, hat gute Kontakte und dadurch wertvollere Informationen. Wer die besseren Informationen hat, kann meistens eine bessere Problemlösung anbieten und wird dadurch als Mitarbeiter für das Unternehmen wertvoller – ein wichtiger Pluspunkt, wenn Sie vorankommen wollen.

To do

Fragen, die Sie sich zu Ihrem Umgang mit Informationen stellen können:

- ❑ Wie beschaffen Sie sich die Informationen und das Wissen, das Sie brauchen, um beruflich voranzukommen?
- ❑ Wo ist Ihr Wissen/Ihre Information sinnvoll einsetzbar und am besten aufgehoben?
- ❑ Wo und wie können Sie Ihre beruflichen Ziele am besten verwirklichen?

- Wen lassen Sie wofür an Ihrem Wissensfundus teilhaben?

Sowohl das eitle »Schaut mal her, was ich alles weiß« als auch das überhebliche, meist aus Unsicherheit geborene »Ich weiß Bescheid und ihr habt keine Ahnung« sind gefährlich. In beiden Fällen werden Sie Sympathien verspielen.

Expertin oder Generalistin?

Als kompetente »Wissensmanagerin« stehen Ihnen auf der Karriereleiter mehrere Möglichkeiten offen, die sich kombinieren lassen: Sie können sich einen Expertinnenstatus aufbauen. Expertinnen sind heiß begehrt und immer gern gesehen. Sie sind eine prima Alternative für Frauen, die kein Interesse an einer Führungsposition oder gerade keine Chance darauf haben. Als Expertin können Sie sich als interne oder externe Beraterin profilieren, ein Wissensgebiet für sich beanspruchen oder eine Produktlinie vorantreiben. Spezialistinnen sind in Projekten stets willkommen. Es stehen Ihnen Führungsaufgaben in Expertenteams ebenso offen wie eine Vortragstätigkeit auf internationalem Parkett. Wenn Sie sich entscheiden, Ihr Wissen breit zu streuen und als Generalistin unterwegs zu sein, achten Sie darauf, sich trotz Ihrer breiten Aufstellung klar zu positionieren.

Tipp

Einige leicht nachvollziehbare Hinweise, wie Sie Informationen erfolgreich und achtsam nutzen und was Sie bei der Weitergabe von Informationen beachten sollten:

- Seien Sie sich stets darüber im Klaren, aus welchen Gründen Sie Informationen weitergeben oder für sich behalten. Welchem Zweck soll die Information beziehungsweise Nichtinformation dienen?

- ❑ Verbinden Sie Ihre Anregungen, Vorschläge, kritischen Anmerkungen und Kritik stets mit Lösungsangeboten. Anstatt einfach platt »Geht nicht« oder »Nein« zu sagen oder das marginal elegantere »Was Sie vorschlagen, funktioniert so nicht« zu entgegnen, versuchen Sie es mit einem konstruktiven Hinweis, zum Beispiel: »Wie wäre es, wenn wir neue Formate ausprobieren würden? Das hätte diese und jene Vorteile. Was meinen Sie?«
- ❑ Bedenken Sie, was Sie auslösen können, wenn Sie Ihr Wissen weitergeben beziehungsweise für sich behalten. Welche Brisanz oder Hebelwirkung hat Ihr Verhalten? Was löst es wo und wie aus? Denken Sie die Chancen wie auch die möglichen Risiken vorher zu Ende.
- ❑ Seien Sie sich Ihres Einflusses als Informationsmanagerin bewusst und nutzen Sie ihn weise!

Der offizielle und formelle Informationsfluss

Formelle Kommunikation läuft von oben nach unten oder umgekehrt, innerhalb von Matrixorganisationen auch unter Einbindung verschiedener Projektbeteiligter. Die auf diesem Weg transportierte Information ist eher sachlicher Natur, wohlüberlegt formuliert und zielorientiert. Formelle Briefe, Memos, Protokolle, Berichte und E-Mails werden nach einem gewissen Verteiler einem entsprechenden Empfängerkreis zur Verfügung gestellt. Ihr Inhalt ist offizielle Unternehmenskommunikation und somit für alle Beteiligten bindend.

Business-Spielregel: Informationen sind wichtig. Lernen Sie, wie in Ihrem Unternehmen damit umgegangen wird, wo sie zu finden sind und welche Informationsflüsse es gibt.

Bedenken Sie: Informationen sind Holschuld und Bringschuld zugleich, abhängig von Funktion und Rolle. Gehen Sie verantwortungsvoll und großzügig damit um. Werden Sie eine faire, konstruktive Informationsmanagerin und Sie sichern sich ein gutes Standing im Unternehmen.

Der informelle Informationsfluss – kurze, direkte Wege

Während der formelle Informationsfluss einen vorgegebenen und dadurch weitgehend vorhersehbaren Verlauf hat, fließt die informelle Information auf kurzen, direkten Wegen kreuz und quer durch das Unternehmen. Dadurch kommen die Informationen zwar direkter und deutlich schneller beim Empfänger an als über den formellen Kanal. Informelle Informationen sind aber neben den sachlichen Anteilen meist emotional gefärbt und teilweise auch indiskret. Sie erfahren Details über Projekte, die anstehen oder gekippt werden, was andere Abteilungen machen oder auch nicht, welche Gefahren wo lauern könnten, und Sie können gezielt herausfiltern, wo mögliche Chancen für Sie und Ihre Ziele bestehen.

Vorauseilender Aktionismus oder gar Gehorsam kann bei informellen Informationen gefährlich sein. Handeln Sie erst dann, wenn Sie genau wissen, dass die Ihnen zugegangene Information abgesichert ist, und denken Sie an mögliche Konsequenzen, bevor Sie handeln.

Zum Einklinken in den informellen Informationsfluss eignen sich Kaffeepausen, After-Work-Treffen und das Mittagessen in der Kantine. Wenn Sie allerdings immer mit der Lieblingskollegin zusammenglucken und Ihr Herz ausschütten, haben Sie schnell verloren. Verabreden Sie sich lieber gezielt mit Personen, die Sie besser kennenlernen wollen und die Sie karrieremäßig voranbringen können. Verabredungen zum Mittagessen außer Haus sind in vielen Unternehmen Usus, um im vertraulichen Rahmen Berufliches zu besprechen. Nutzen Sie diese Möglichkeiten gezielt. Wenn Sie sich in einem neuen Projekt oder in einer Initiative engagieren, werden Sie ebenfalls neue Leute kennenlernen, die Sie an ihrem Wissen teilhaben lassen. So erweitern Sie Ihr Netzwerk und Ihren Zugang zum informellen Kommunikationsfluss gleichermaßen.

Wo der Flurfunk rauscht …

Bei der Variante informeller Kommunikation namens Flurfunk ist Vorsicht geboten. Nutzen Sie Ihr Fingerspitzengefühl in diesem turboschnellen Kanal, der voller tückischer Untiefen ist. Hier werden neben informellen Nachrichten viele Informationen nach dem Gerüchte-Prinzip »Stell dir vor …« oder »Haben Sie schon gehört …« gehandelt. Dass Projektleiterin Z ein Verhältnis mit Bereichsleiter Y hat, werden Sie dort unter dem Siegel der Verschwiegenheit erfahren, falls Sie es nicht schon selbst gemerkt haben sollten. Auch wer mit wem besonders gut kann, wer für welche Jobs gehandelt wird oder Projekte bekommen soll, an welchen Strippen man ziehen muss, um karrieremäßig voranzukommen, können Flurfunkweisheiten sein. Gezielt platzierte Gerüchte treten so blitzartig ihre Runde durch das Unternehmen an, ohne dass sich der Urheber eindeutig identifizieren lässt.

Tipp

- Hören Sie erst einmal zu und beobachten Sie, was so und wie abläuft.
- Achten Sie auf Fallstricke, bevor Sie sich einklinken.
- Mit zunehmender Übung gelingt es Ihnen leichter, zwischen den Zeilen zu lesen und das Wichtige aus dem üblichen Bürotratsch herauszufiltern.
- Nutzen Sie Ihr Bauchgefühl und Ihren Verstand gleichzeitig.
- Unterbrechen Sie negativen Tratsch und kollektives Gejammer. Es verpestet das Klima noch schlimmer als die Vernichtung des Regenwaldes!
- Eine guter Ausstieg ist der Satz: »Dazu kann ich leider gar nichts sagen.«

So gefährlich dieses Terrain auf den ersten Blick erscheinen mag, so wichtig ist es auch, sich sicher darauf zu bewegen. Gefühle lassen sich nicht unter Arbeit begraben und es tut gut, zu erfahren, dass es anderen genauso geht. Allerdings sollten Sie nicht Ihre Partnerschafts- oder beruflichen Probleme mit Ihren Kollegen durchdeklinieren, sondern darauf achten, dass das, was Sie sagen, Ihnen keinen Schaden zufügt. Denken Sie daran, dass durch direkte Kommunikation Spannungen und Konflikte zu lösen sind, bevor sie zu ernsten Störungen werden. An menschlichen Grundbedürfnissen ändern Terminpläne nichts – es sei denn, man will seine Mitmenschen bewusst ignorieren, und das katapultiert Sie in das Karriere-Aus.

Unbedingt prüfen!

Drei Dinge sollten Sie unbedingt prüfen, bevor Sie sich in diesen Kommunikationsfluss einklinken:

1. Möchte man Sie für die eigenen Zwecke einspannen? Will man Ihre Meinung über etwas oder jemanden beeinflussen? Sollen Sie auf eine bestimmte Seite gezogen werden? Vorsicht: Überlegen Sie sich, wer Sie sind, wer Sie sein wollen – und handeln Sie entsprechend.
2. Wenn Sie Aussagen anderer ungeprüft als Tatsachen weitergeben, kann das ganz schnell Ihr Karriere-Aus bedeuten, wenn Sie auf Fehlinformationen hereingefallen sind und es an der nötigen Diskretion mangeln ließen.
3. Sie erfahren zum Beispiel, dass Frau Müller-Maier und Herr Schubert bei der Spesenabrechung nicht korrekt sind – ein klarer Kündigungsgrund. Wenn Sie nichts beweisen können, seien Sie still! Ein Ruf ist schnell ruiniert und es könnte auch einmal Sie treffen.

Kurz & bündig

Auf eine ehrliche, direkte und tragfähige Unternehmenskommunikation bauen zu können ist für alle im Business Tätigen wichtig. Wer braucht schon – neben dem ganz normalen Arbeitsstress – die zusätzliche Belastung, immer auf der Hut vor falschen Informationen, undurchsichtigen Machtkämpfen, Ränkeschmieden oder Klatschmäulern sein zu müssen?

- ❑ Leisten Sie Ihren konstruktiven Beitrag im formellen und informellen Informationsfluss, damit mehr Fairness und Klarheit im Unternehmen einziehen.
- ❑ Beachten Sie die Tücken des Flurfunks und nutzen Sie ihn weise.
- ❑ Profilieren Sie sich als Senderin von klaren, durchdachten Nachrichten und als kritische Empfängerin von Informationen.
- ❑ Auch wenn Sie Ihr Gegenüber noch so sympathisch finden, lassen Sie sich auf keinen Fall zu Indiskretionen hinreißen. Auch unwissentliches Ausplaudern von Betriebsinterna kann die fristlose Kündigung nach sich ziehen!
- ❑ Achten Sie sowohl darauf, wie Sie wahrgenommen werden, als auch darauf, wie Sie wahrgenommen werden könnten. Wechseln sie dazu öfter Ihre »Brille« und Sichtweise.

14 Durch gelungene Selbst-PR vorankommen

Stets findet Überraschung statt. Da, wo man's nicht erwartet hat.
Wilhelm Busch

Entwickeln Sie Ihr eigenes Selbst-PR-Konzept

Sie wissen, was Sie können, und kennen Ihre Ziele. Sie haben gelernt, wie man Konflikte löst, sich konstruktiv durchsetzt, Entscheidungen trifft, sich im Unternehmen zurechtfindet und sicher bewegt. Nun ist es an der Zeit, gesehen zu werden, denn gute Arbeit allein genügt nicht. Die anderen müssen das erkennen, vor allem diejenigen, die über Ihr berufliches Vorankommen entscheiden. Werden Sie mit dem eigenen Profil und Ihren Fähigkeiten sichtbar, indem Sie sich entsprechend präsentieren beziehungsweise profilieren. Selbst-PR hat eine klare Zielsetzung und bedarf eines Konzeptes. Als wer wollen Sie im Unternehmen bekannt sein? Als Generalistin, die vielseitig einsetzbar ist, oder eher als Expertin? Experten sind gefragt und behalten diesen Status, wenn sie auch nur geringfügig etwas dazu tun, ein Leben lang, so wie Reinhold Messner, der neben seinen sonstigen Meriten auch als »Yeti-Kenner« Expertenstatus hat. Wenn Sie Ihr eigenes Selbstkonzept erarbeitet haben, sollten Sie sich überlegen, wo Sie sich am wirkungsvollsten und zielführendsten auf positive Weise präsentieren können.

Smalltalk – Kleinigkeit mit großer Wirkung

Top-Leistungen genügen nicht, um die Karriereleiter erfolgreich zu erklimmen, das Klappern gehört zum Handwerk. Klappern können Sie jederzeit – im Kollegengespräch ebenso wie auf gesellschaftlichem Parkett durch den nicht zu unterschätzenden gekonnten

Smalltalk. Wenn Sie mit dem Begriff »Klappern« Schwierigkeiten haben, betrachten Sie Smalltalk wie ein »Amuse Geule« (den Gruß aus der Küche zur Einstimmung auf ein gutes Menü), das Lust zu und Interesse an mehr Kontakt mit Ihnen machen soll.
Einige Tipps für gelungenen Smalltalk:

So gelingt Smalltalk

- ❑ Wenn Sie allein auf einer Gesellschaft sind, auf der Sie niemand kennen, suchen Sie Augenkontakt mit jemandem, mit dem Sie gern sprechen möchten, und machen sich auf den Weg dorthin, wenn Sie »mit den Augen« eingeladen wurden.
- ❑ Für den ersten Eindruck gibt es keine zweite Chance. Die Entscheidung fällt in den ersten Sekunden, in denen ein spontanes Bild wahrgenommen wird. Seien Sie positiv und interessiert, auch wenn Sie sich gerade in dieser Situation wenig souverän fühlen. Achten Sie auf einen guten Händedruck und wahren Sie eine Armlänge Distanz.
- ❑ Es hilft, wenn Sie sich ein wenig auf die relevanten Themen der Veranstaltungsteilnehmer vorbereiten. Was interessiert sie? Worüber könnten sie sich unterhalten wollen? Was kommt bei ihnen gut an?
- ❑ Denken Sie bitte daran, sich laut und deutlich vorzustellen. Dem »Guten Tag, mein Name ist Sabine Schmidt« folgt ein interessiertes Hineinhören in ein bereits bestehendes Gespräch.
- ❑ Wenn Sie einen Beitrag dazu leisten können, sagen Sie es! Amerikaner halten Smalltalk-Muffel zum Beispiel für äußerst unhöflich, arrogant und langweilig.
- ❑ Ein guter Gesprächseinstieg ist ein aktueller Anlass, zum Beispiel eine gerade gemeinsam besuchte Sitzung. Achten Sie auf Verbindendes und einen positiven Gesprächsinhalt – Kritik, Politik und Krankheit haben im Smalltalk nichts verloren.
- ❑ Wenn Sie Besucher oder Bewerber empfangen, können Sie das Gespräch mit Fragen nach der Anreise, dem Verkehr etc. eröffnen oder einfach mit »Schön, dass Sie da sind«.
- ❑ Unterhalten Sie sich mit dem neuen Kollegen darüber, wie er sich in der Firma einlebt oder was er vorher gemacht hat.

- Verzichten Sie auf Klatsch und seien Sie diskret.
- Wenn Sie über das Wetter sprechen, ist das unverfänglich und hilft, zu anderen Themen überzuleiten – Urlaub, Sport, Cabrio fahren.
- Gute Gespräche kommen durch offene Fragen und gemeinsamen Dialog zustande. Fragen, die mit Wie, Wo, Weshalb, Womit, Wodurch beginnen, sind offene Fragen und laden zum Gespräch ein.
- Bombardieren Sie Ihr Gegenüber bitte nicht mit Fragen, sondern hören Sie aufmerksam zu. Sprechen Sie miteinander anstatt gekonnt aneinander vorbei. Seien Sie aufmerksam. Stellen Sie den anderen in den Mittelpunkt. Nehmen Sie Anteil und zeigen Sie Ihre Gefühle. Last not least: Unterhalten Sie gut.

Beim Smalltalk achten Sie bitte darauf, dass jeder mitreden kann und das Gespräch an der Oberfläche dahinplätschert. Ein Diskurs über Klimakatastrophen ist out, auch wenn dies hochaktuell ist. Familiäres und Witze sind grenzwertig, weil man leicht danebenliegen kann. Vermeiden Sie auf jeden Fall Negatives und vertrauliche Betriebsinterna.

Suchen und finden Sie Ihre Bühnen

Um sichtbar zu sein und Ihre Karriere voranzutreiben, nutzen Sie alle passenden Bühnen, die Sie im Business für Ihre gelungene Selbstdarstellung vorfinden. Eine grundlegende und überaus wichtige Voranname, von der Sie ausgehen müssen, um gut anzukommen ist: Sie sind attraktiv – als Person und als Mitarbeiterin. Zeigen Sie sich, Ihre Fachkompetenz, Ihr Wissen und suchen Sie sich dazu die geeigneten Bühnen im Unternehmen aus. Exzellent geeignet sind Meetings und Besprechungen, Präsentationen, Vorträge, Referate und geschäftliche sowie semi-private gesellschaftliche Anlässe. Nutzen Sie diese Plattformen zur bewussten Selbstdarstellung, um von Schlüsselpersonen, karriere- oder businessrelevanten Menschen positiv bemerkt zu werden.

Bewusste Selbstdarstellung

Wie schaffen Sie es, eine gute Vorstellung abzugeben, wenn Sie vor lauter Bedenken und der Angst, nicht gut genug zu sein, weiche Knie haben oder gar ein bisschen schlottern? Hier die wichtigsten Tipps:

- Lampenfieber gehört dazu. Auch nach dem hunderttausendsten Auftritt ist es da. Diese Angst kann jedoch ungeahnte Kräfte freisetzen und Sie beflügeln – wenn Sie sich ihr stellen, anstatt zu kneifen! Nutzen Sie diese Power und Sie sind zu Höchstleistungen fähig. Entspannungs- und Atemübungen vor Ihrem Auftritt sind hilfreich.
- Erarbeiten Sie sich eine eigene Bühnenpräsenz. Orientieren Sie sich zum Beispiel an Schauspielerinnen/Moderatorinnen, die Sie bewundern. Welche Rolle, welcher Habitus, welches Image passen zu Ihnen und Ihren Karrierezielen? Wie möchten Sie von Ihrem Publikum wahrgenommen werden? Für Ihr Vorankommen im Business ist weder die Rolle der toughen Karrierefrau, des sinnlichen Vamps noch des fürsorglichen Muttchens angebracht. Eine kluge, sachliche Geschäftsfrau mit einem Schuss Charme und Humor dürfte besser passen. Wer wäre Ihr Vorbild? ?
- Je mehr Gedanken Sie sich im Vorfeld über die Bedürfnisse Ihres Publikums gemacht haben, desto besser kommen Sie an. Welche Zielgruppe haben Sie vor sich? Wie lautet das Thema? Weshalb sind die Leute gekommen? Was genau interessiert Ihre Zuhörer?
- Seien Sie frühzeitig am Veranstaltungsort und starten Sie Ihre Veranstaltung pünktlich – auch wenn noch jemand fehlen sollte. Für Entscheider, die zu spät kommen, können Sie das Gesagte dann noch einmal kurz zusammenfassen.
- Den Beginn Ihres Beitrags gestalten Sie spannend. So wird Ihr Publikum neugierig auf das, was kommt. Erzählen Sie eine Geschichte oder nutzen Sie ein Zitat, um auf die Kernaussage

Ihres Beitrags hinzuweisen. Wie bei einem Werbespot, denn Sie wollen Ihr Publikum ja überzeugen. Vom Thema und von sich selbst!

- Halten Sie Ihre Präsentation oder Ihren Vortrag kurz, knapp und informativ. Die menschliche Aufnahmefähigkeit ist begrenzt und kein Mensch hält 45 Minuten Informationsbeschuss aus, ohne gedanklich abzuschalten.
- Ein wirkungsvoller Schluss ist wie ein kleiner Paukenschlag, der das Publikum zum Handeln animiert. Packen Sie die wesentlichen Punkte und Ihre Botschaft nochmals in diesen Schlussteil. Kündigen Sie den Schluss bitte an. Ihr Publikum wird wieder hellwach, weil es froh ist, dass es gleich gehen darf. Bitte beenden Sie Ihre Ausführungen nicht mit »Das war's« oder »Hiermit bin ich am Ende angelangt«, sondern mit einer kurzen Zusammenfassung, einem aufmunternden Appell zu handeln und charmantem Dank an das Publikum.
- Wenn Sie vor der geplanten Zeit enden, wird man es Ihnen danken, vorausgesetzt, Sie stehen Interessierten, die tiefer in die Materie einsteigen wollen, anschließend noch zur Verfügung. Damit Sie die Zeit auch wirklich einhalten, sollten Sie dies beim Üben – siehe unten – berücksichtigen und, falls nötig, Ihren Vortrag entsprechend anpassen.
- Achten Sie auf gute Vorbereitung. Zu oft habe ich erlebt, wie Frauen sich die halbe Nacht um die Ohren geschlagen haben, um ihre Präsentation beziehungsweise ihren Vortrag für den nächsten Tag zu perfektionieren. Dass sie am nächsten Tag dann wenig ausgeschlafen vor ihrem Publikum standen, blieb unbedacht. Meine Damen: Sie müssen nicht alles können und nicht alles wissen! Erstens geht das sowieso nicht und zweitens macht es Sie eher bedrohlich als beliebt. Männer zeigen hier ganz klar mehr Mut zur Lücke und haben selten ein Problem, Detailantworten an ihre Mitarbeiter zu delegieren. Das müssen Frauen eindeutig mehr üben!

- Nehmen Sie Rücksicht auf Ihr Publikum und erschlagen Sie es nicht mit PowerPoint-Folien, auch wenn 80 Prozent des Inhalts durch Sehen und Hören aufgenommen werden. Beschränken Sie sich auf maximal zehn Folien pro Vortragsstunde. Jede Folie sollte maximal fünf Aufzählungspunkte enthalten und der kleinste Schriftgrad 24 Punkt sein. Es sei denn, Sie wollen Ihr Publikum ärgern.
- Benutzen Sie eine positive Sprache und lassen Sie negative Worte und Redensarten weg. Üben Sie Ihren Vortrag vor dem Spiegel, sprechen Sie ihn auf Band und beachten Sie die Zeit – so lange, bis alles sitzt. Das gibt Ihnen Sicherheit und Souveränität.
- Berücksichtigen Sie bitte, dass Ihr Publikum lesen kann. Anstatt brav den Folientext abzulesen, untermauern Sie die Schlagworte auf der Folie mit einem lebendigen Vortrag, erzählen Sie den Stoff! Wichtige Stichpunkte zu den einzelnen Folien notieren Sie sich auf Moderationskärtchen, die Sie in der Hand halten. Falls nötig, improvisieren Sie. Sind Sie eloquent und gut vorbereitet, sprechen Sie frei, das kommt am allerbesten an.
- Gestalten Sie Ihre Präsentation/Ihren Vortrag kurzweilig und interessant, anstatt sich auf das Herunterbeten trockener Fakten zu beschränken. Achtung: Seien Sie vorsichtig mit Witzen! Was der eine zum Brüllen komisch findet, katapultiert Sie beim anderen ins Aus.
- Ein Bild sagt mehr als tausend Worte. Verzichten Sie auf die üblichen Zahlenfriedhöfe und benutzen Sie stattdessen Diagramme oder Grafiken. Falls es jemand ganz genau wissen will, bieten Sie an, detaillierte Tabellen und weiterführende Informationen nachzuliefern. So schaffen Sie sich ganz nebenbei eine erneute Chance, Ihre Professionalität zu beweisen und sich noch einmal positiv in Erinnerung zu bringen.
- Niemand erwartet von Ihnen allen Ernstes, dass Sie über Ihr Arbeitsgebiet hinaus alle Daten bis in das kleinste Detail parat haben. Will man Sie verunsichern oder testen, ob Sie wirklich

sattelfest und kompetent sind, können Sie gelassen kontern mit: »Danke für Ihren Hinweis. Ich/mein Experte für … setze mich/setzt sich morgen mit Ihnen in Verbindung.« Oder Sie liefern nach, wie oben beschrieben.

- Offensichtliche Störmanöver hebeln Sie aus mit einem sachlichen »Ich bin Ihnen sehr dankbar, dass Sie diesen Punkt ansprechen« und fahren dort fort, wo Sie gestört wurden. Wird das Störfeuer fortgesetzt und es gelingt Ihnen nicht, den Störer mundtot zu machen, fragen Sie die Anwesenden, ob Sie auf die (meist irrelevanten) Einwürfe eingehen sollen. Dieses Vorgehen verunsichert den Störer in jedem Fall und sorgt auch meist für Ruhe.

Business-Spielregel: Wenn Sie zu den Menschen gehören, die nicht gern im Rampenlicht stehen, Ihnen Auftritte vor Menschen schlaflose Nächte bereiten und Sie sogar nach dem x-ten Präsentations- und Rhetoriktraining versagen, lassen Sie's. Konzentrieren Sie sich lieber auf Ihre Stärken und punkten Sie da in Sachen Selbst-PR. Vielleicht im Zweier-Gespräch, in Meetings oder in der Expertenrunde, wo Sie sich sicherer fühlen. Wenn Sie hier für »gute Presse« sorgen, sind Sie auf einem guten Weg.

Meetings karrierebewusst nutzen

Meetings und Besprechungen sind unverzichtbar für Ihre Positionierung, zur gezielten Wissensweitergabe und für die direkte Kommunikation im Unternehmen. Meine Empfehlung: Nutzen Sie die allgemeine Unzufriedenheit, um sich zu profilieren, denn Meetings sind eine Pflichtveranstaltung und müssen nicht als Zeit verschwendendes Endlos-Palaver ablaufen. Wenn Sie möchten, investieren Sie in eine Moderationsausbildung.

Meetings gekonnt managen

Anstatt wie so viele über hohen Zeitaufwand für Meetings und zu wenig Effizienz in Besprechungen zu stöhnen, setzen Sie sich aktiv für eine Verbesserung der Meeting-Kultur ein. Ordnen Sie das Meeting-Chaos, indem Sie Regeln ins Spiel bringen und so für

Effizienz sorgen. Wie Sie das geschickt, mit relativ wenig Aufwand und viel Applaus hinbekommen, dabei soll Ihnen diese Checkliste helfen:

- ❑ Wenn es sinnvoll ist, wählen Sie eine besondere Räumlichkeit aus. Offene Gespräche und Tapetenwechsel beflügeln, zum Beispiel wenn es um kreative Prozesse oder Spannungsabbau geht.
- ❑ Stellen Sie konkrete TOPs (Tagesordnungspunkte) zusammen und ordnen Sie jedem ein Zeitfenster zu. Den Punkt »Unvorhergesehenes« können Sie als letzten Punkt aufnehmen. Verteilen Sie diese Liste zusammen mit der Einladung.
- ❑ Bestehen Sie auf einer straffen Tagesordnung und halten Sie sich daran.
- ❑ Weisen Sie in der Einladung darauf hin, dass das Meeting pünktlich beginnt – das soll es dann bitte auch! – und dass es pünktlich endet. Falls sich im Verlauf des Meetings ergibt, dass mehr Zeit nötig ist, sprechen Sie im Meeting das geplante Ende an und geben Sie in Abstimmung mit den Teilnehmern entsprechend Zeit zu. So zeigen Sie Achtung vor der Zeitplanung der Anwesenden und verschaffen sich Respekt als zuverlässige Besprechungsleiterin.
- ❑ Vermeiden Sie unbedingt, dass Sie Kaffee oder Getränke servieren, am Ende des Meetings aufräumen oder sonstige Dienstleistungstätigkeiten erbringen, auch wenn Ihnen das gegen den Strich geht. Damit kommen Sie sofort in die Sekretärinnen-Schublade! Laden Sie alle Anwesenden ein, sich selbst zu bedienen und ihre Sachen am Ende wegzuräumen, oder engagieren Sie einen Service.
- ❑ Suchen Sie sich Ihren Sitzplatz so, dass Sie Tür, Fenster und Raum im Blick haben. Das macht Sie automatisch zur dominierenden Person. Doch Vorsicht: Überlassen Sie diese Alpha-Position bitte anderen, wenn sie Ihnen (noch) nicht zusteht!
- ❑ Sitzen Sie gerade, aufrecht und stellen Sie beide Füße nebeneinander mit den Sohlen auf den Boden. Halten Sie den Kopf

gerade und entspannen Sie den Oberkörper. So wirken Sie aufgeschlossen und souverän. Und das Beste dabei: Ihre Aufmerksamkeitsspanne erhöht sich ebenfalls.

- Störendes und lästiges Handygeklingel während des Meetings hebeln Sie aus, indem Sie gleich zu Beginn Ihr Handy hervorholen und laut ankündigen, dass alle Teilnehmer bitte die Handys ausschalten beziehungsweise auf Vibrationsalarm setzen sollten. Und das tun Sie auch selbst, denn es wäre garantiert Ihr Handy, das im ungünstigsten Moment laut klingelt.
- Nicht alles muss im kleinsten Detail besprochen und breitgewalzt werden. Vielredner bitten Sie, ihre Details per Mail allen Beteiligten zur Verfügung zu stellen.
- Unterbrechen Sie unnötiges »Gegockel« oder Divengehabe, indem Sie auf die begrenzte Zeit hinweisen und schnell zum eigentlichen Thema zurückkehren.
- Störer und sonstige unangenehmen Meeting-Teilnehmer hebeln Sie aus, indem Sie konsequent auf der Sachebene bleiben. So vermeiden Sie emotionale Ferkeleien, die darauf abzielen, Sie zu verunsichern, Zweifel hervorzurufen und Konflikte zu schaffen.
- Halten Sie Meetings kurz und präzise. Man wird es Ihnen danken.

Übrigens: Auf Ihren Beitrag zur Verbesserung der Meeting-Kultur können Sie bei Ihrem nächsten Performance Review und Gehaltsgespräch prima hinweisen. Die gesamte Zeitersparnis für das Unternehmen lässt sich sehr gut in Euro darstellen.

Business-Spielregeln:

- In Meetings und Besprechungen werden Sie für andere deutlich sichtbar. Hier können Sie wertvolle Impulse setzen und sich, Ihre Mitarbeiter und Ihre Karriere in strategische und innerbetriebliche Prozesse zielorientiert einbinden.

- ❑ Seien Sie nett, freundlich und weisen Sie eventuell auf hilfreichen Input von Kollege Z hin – dieses Lob kommt auf Sie zurück!
- ❑ Sorgen Sie sachlich und mit all Ihrer Sozialkompetenz dafür, dass in Meetings wirklich etwas bewegt wird. So bringen Ihre Spielregeln mehr Effizienz und Klarheit in den Besprechungsmarathon und Sie auf der Karriereleiter weiter.
- ❑ Nutzen Sie diese Bühnen zur Darstellung Ihrer persönlichen und fachlichen Kompetenz, ohne sich ins Rampenlicht zu drängeln. Tarzanmäßiges Brustgetrommel überlassen Sie bitte Ihren männlichen Kollegen, weibliche Koketterie halten Sie geringer dosiert. Bleiben Sie auf der Sachebene – Sie sind im Dschungel, nicht in der Kuschelecke!

Geben Sie eine gute Vorstellung

Wir vertrauen viel leichter demjenigen, der uns ähnlich ist. Nicht zuletzt steht Günter Jauch auf der Wunschschwiegersöhne-Hitliste weit oben. Er kleidet und verhält sich wie ein Durchschnittsbürger. Trotz seiner Prominenz wirkt er ganz normal. Wir sind eine überwiegend visuelle Gesellschaft geworden und diese Wahrnehmung sollten Sie für Ihre Selbstdarstellung nutzen. Begegnen Sie Ihrem Publikum gut vorbereitet. Sie haben Ihre Hausaufgaben gemacht. Gepflegt und angemessen gut gekleidet, tragen Sie entsprechend dem Unternehmens-Dresscode einen Hosenanzug oder Ihr Business-Wohlfühl-Outfit mit Sakko. Sind überwiegend Männer anwesend, empfiehlt sich ein Business-Kostüm. Darin werden Frauen unbewusst als weniger bedrohlich wahrgenommen. In jedem Fall macht es Sinn, sich bei der Auswahl Ihrer Kleidung an unternehmensinternen und im Business üblichen Gepflogenheiten zu orientieren, damit Sie auf der sicheren Seite sind.

To do Einige allgemeingültige Hinweise, damit Ihre Vorstellung gut gelingt:

- ❑ Setzen Sie sich gekonnt in Szene, auch wenn Sie stehen. Stehen Sie aufrecht und fest auf den Beinen, drehen Sie den Oberkörper zum Publikum.
- ❑ Bewegen Sie sich ruhig und zielgerichtet. Anstatt bei Präsentationen oder Vorträgen ständig hin und her zu gehen wie ein gut geöltes Metronom, tun Sie dies bitte nur bei Themenwechseln. Auf keinen Fall sollten Sie sitzen – selbst in Meetings sollten Sie aufstehen, wenn Sie etwas zu sagen haben.
- ❑ Hände gehören – auch bei Frauen – weder in die Hosentasche noch unter die Gürtellinie. Nehmen Sie Zeigestab, Fernbedienung oder Moderationskärtchen in die Hand und halten Sie Ihre Hände in Taillenhöhe. Setzen Sie Gesten bewusst ein und nutzen Sie Ihre Hände, um das Gesagte zu unterstreichen. Zielloses Gestikulieren überlassen Sie besser anderen.
- ❑ Halten Sie Blickkontakt mit dem Publikum. Während Ihres Vortrages sehen Sie jede anwesende Person mindestens einmal direkt an. Lassen Sie Ihren Blick über das Publikum schweifen – so als würden Sie es zärtlich streicheln. Starren Sie nicht auf eine bestimmte Person, sondern wechseln Sie zügig durch.
- ❑ Nutzen Sie die Kraft Ihrer Stimme! Atmen Sie bewusst und tief. Geben Sie Ihrer Stimme Tragfähigkeit, indem Sie mit dem Bauch atmen.
- ❑ Modulieren Sie Ihre Sätze, anstatt den Text herunterzuleiern. Angenehm sind tiefere Stimmlagen. Vermeiden Sie, vor lauter Nervosität in eine Quietschstimme zu verfallen, wenn Sie vom Publikum ernst genommen werden wollen.
- ❑ Wenn wir nervös sind, sprechen wir oft schneller als sonst. Drosseln Sie Ihr Tempo und bauen Sie kleine Pausen ein. Durch diese Sprechpausen geben Sie den Anwesenden Zeit zum Nachdenken, denn vieles, was Sie sagen, ist für sie wahrscheinlich neu.

- ❑ Sprechen Sie laut und deutlich, eher langsam als schnell. Gestalten Sie Ihren Vortrag, indem Sie Lautstärke und Tonhöhe den Inhalten und ihrer Bedeutung anpassen. Wenn es spannend wird, können Sie Pausen machen und leiser werden. Erhöhen Sie die Spannung – damit ist Ihnen die Aufmerksamkeit Ihres Publikums wieder sicher.
- ❑ Lächeln Sie. Öffnen Sie sich. Sie sind gut, denn sonst stünde hier jemand anders!

Attraktiv und anziehend wirken

Laut Statistik beeinflusst das Aussehen Menschen zu 55 Prozent, die Stimme zählt zu 38 Prozent und nur 7 Prozent entfallen auf den Inhalt des Gesagten. Sich gekonnt in Szene zu setzen sowie die Fähigkeit, auch kritische Meinungsbildner für sich einzunehmen, gehören zu den Kernkompetenzen erfolgreicher Menschen. Es ist kein Grund zur Verzweiflung, wenn Sie dem gängigen Schönheitsideal – jung, hübsch, schlank, gut gebaut – nicht (mehr) entsprechen. Was zählt, ist Ihre Attraktivität – und das hat nichts mit Schönheit zu tun. Es handelt sich um Ihre ganz persönliche Anziehungskraft, die Ihnen, ob jung oder alt, dick oder dünn, schön oder (vermeintlich) hässlich, erhalten bleibt. Jeder Mensch kann attraktiv sein. Wie funktioniert das?

Ladies: It's showtime!

Wie immer beginnt alles bei Ihnen, der Frau, die Ihnen morgens beim Zähneputzen im Spiegel entgegenblickt. Wie betrachten Sie sich selbst? Gilt Ihr erstes Augenmerk neu aufgetauchten Fältchen? Denken Sie zuerst »Oh, wie sehe ich denn wieder aus« oder Ähnliches? Diese negativen Selbstgespräche sind ein unguter Start für einen erfolgreichen Arbeitstag.

To do

Probieren Sie stattdessen Folgendes: Betrachten Sie sich in einem Ganzkörperspiegel. So als wäre es nicht Ihr Gesicht, Ihr Körper, den Sie sehen. Stellen Sie sich einfach vor, es handle sich bei dem Bild im Spiegel um eine gänzlich fremde Person. Was sehen Sie genau? Notieren Sie in Ihrem Arbeitsbuch in einer Tabelle möglichst sachlich, was Sie sehen. Beginnend beim Kopf, bis Sie bei den Fußsohlen angelangt sind, zum Beispiel: Brünette Haare, kinnlang, lockig, gepflegt. Ovales Gesicht. Hohe Stirn, leichte Falten. Braune Augen mit Goldpünktchen. Gerade Nase. Breiter Mund, Oberlippe schmal, Unterlippe voller. Beginnendes Doppelkinn. Straffer Hals. Leicht zerknittertes Dekolleté (das gibt sich über den Tag wieder) und so weiter, bis Sie bei den Fußsohlen angekommen sind.

Wenn Sie die komplette Bestandsaufnahme Ihres Spiegelbildes vorgenommen haben, vergeben Sie für jedes notierte Körpermerkmal eigene Attraktivitätspunkte auf einer Skala von 1 (unattraktiv) bis 10 (schön). So bekommen zum Beispiel die braunen Augen 10, das beginnende Doppelkinn vielleicht nur 4 Punkte. Diese neutrale Bestandsaufnahme sollten Sie immer dann durchführen, wenn Sie sich einmal nicht mögen und negativ gegenüberstehen. Durch neutrales Betrachten von außen sehen Sie endlich auch das, was konkret da ist. So bekommen Sie eine klarere Selbstwahrnehmung und werden vom »täglichen Opfer emotionaler Selbstbeschimpfung« zur neutralen Betrachterin, die durchaus schätzen kann, was sie im Spiegel sieht. Durch die regelmäßige und vor allem großzügige Anwendung dieser inneren Kosmetik gewinnen Sie an Sicherheit und Ausstrahlung – eben garantiert an Attraktivität!

Auf den geschickten Einsatz von Kosmetik sollten Sie ebenfalls nicht verzichten. Geschminkte Frauen werden als selbstbewusster und erfolgreicher eingestuft als ungeschminkte. Make-up kann nebenbei auch Hautunebenheiten nivellieren und die Symmetrie des Gesichts erhöhen, was als schöner wahrgenommen wird. Regelmäßige Besuche beim Friseur und einer guten Kosmetikerin gehören zum Pflichtprogramm erfolgreicher Karrierefrauen – Schmuddelprinzessinnen sind megaout!

z.B. Isabel, 56 Jahre alt, mit ein paar Kilo zu viel, kam mit frischer Frisur, gut erholt, nach ausgiebigem Gebrauch der neuesten Lifting-Cremes von ihrem zweiwöchigen Wellness- und Schönheitsurlaub an den Arbeitsplatz zurück. Sie berichtete mir, dass alle – und zwar ausnahmslos alle! – Männer sie angehimmelt haben. Ein Beweis dafür, dass sich Frauen verwöhnen und mehr als nur pflegen müssen. Meine Damen: Tun Sie mehr für sich, damit Sie im Business immer mehr als nur eine gute Basis haben.

Mit einer positiven Ausstrahlung gewinnen

Wenn Ihnen das Budget für ausgedehnte Wellness-Urlaube ebenso fehlt wie die dem Zeitgeist entsprechende Schönheit: Mit einer positiven Ausstrahlung gewinnen Sie auf jeden Fall.

- ❑ Seien Sie freundlich und aufmerksam anderen und sich selbst gegenüber. Aufmerksamkeit tut jedem gut, motiviert und macht das Leben leichter.
- ❑ Lächeln Sie, zeigen Sie freudige Energie und souveräne Stärke.
- ❑ Treten Sie aus dem kollektiven Jammerchor aus und achten Sie auf Positives.
- ❑ Ärgern Sie sich nicht über die anderen. Sie können sie sowieso nicht ändern – also nehmen Sie sie, wie sie nun mal sind.
- ❑ Lassen Sie Ihren Energien freien Lauf, so weit es im Business angemessen ist.
- ❑ Genießen Sie dieses Leben – es ist das einzige, das Sie im Moment haben!

Bestimmt haben Sie potthässliche Menschen mit kurzen, krummen Säbelbeinen erlebt, die mit ihrem Charme und ihrer Ausstrahlung souverän die anderen in den Schatten gestellt haben. Erinnern Sie sich daran, wenn Sie wieder einmal an sich zweifeln.

Pfeifen Sie drauf, was andere irgendwann einmal an Ihnen auszusetzen hatten. Erlauben Sie sich, sich gut zu finden. Wie soll jemand anderes Sie mögen, wenn Sie sich selbst nicht leiden können?

Ihr Ritual für einen guten Tag

Ein einfaches Ritual für einen guten Tag: Begrüßen Sie sich jeden Morgen mit einem fröhlichen »Guten Morgen, liebe (Ihr Name). Ich habe dich gern und freue mich auf einen wunderschönen Tag mit dir.« Bauen Sie diese Übung in Ihr Morgenritual ein und Sie werden viele schöne Tage erleben. Falls Sie daran zweifeln: Führen Sie ein Tagebuch und notieren Sie sich, wie sich die Tage mit und ohne Ritual unterscheiden.

Gesellschaftliche Anlässe im Betrieb

Jubiläen, After-Work-Besprechungen, Verabschiedungen, Arbeitsessen und was sonst noch an gesellschaftlichen Veranstaltungen im Unternehmen üblich ist – all das sind gute Bühnen für Sie. Mit gekonntem Smalltalk und positiver Ausstrahlung können Sie Ihre Kommunikationskompetenz unter Beweis stellen – unverzichtbar für Karriereschritte. Wie Sie Fettnäpfchen vermeiden oder wieder herauskommen, erfahren Sie in den Literaturempfehlungen auf Seite 219.

To do

Auch wenn es Ihnen noch so schwerfällt, an diesen Veranstaltungen teilzunehmen, tun Sie es trotzdem. Bereiten Sie sich darauf vor, denn es ist eine Kunst, sich souverän auf dem gesellschaftlichen Parkett zu bewegen. Üben Sie und nutzen Sie jede Gelegenheit, um zu lernen.

- Diskutieren Sie (im Rahmen des Smalltalk zum Beispiel über Reisen, Essen, Kultur, Kunst, Urlaub). Sagen Sie Ihre Meinung (soweit im Smalltalk vertretbar). Sprechen Sie klar und deutlich, damit Sie verstanden werden.
- Bei allem, was Sie sagen, bleiben Sie Sie selbst. Zeigen Sie sich als Person und Persönlichkeit. Bereiten Sie einen kurzen, aussagefähigen Vorstellungssatz (Elevator Pitch) vor, mit dem Sie sich Ihrem Gegenüber präsentieren können.
- Niemand ist allwissend und perfekt. Stehen Sie zu sich und gewinnen Sie an Glaubwürdigkeit – eine der wichtigsten Eigenschaften für Erfolg!
- Strapazieren Sie die Aufmerksamkeit der anderen nicht. Jeder darf glänzen.
- Halten Sie Ihren Redefluss im Zaum. Die anderen möchten auch zu Wort kommen. Wer zuhört und Fragen stellt, erfährt mehr.
- Vermeiden Sie, in den Ruf der allgegenwärtigen Betriebsnudel zu kommen. Sie müssen nicht auf jeder Hochzeit tanzen. Kümmern Sie sich jedoch liebevoll um die Anwesenden. So kommen Sie positiv in Kontakt mit den anderen.

Seien Sie stimmig in Person und Funktion

Manchmal ist das, was Sie sich persönlich erlauben können, der Funktion gegenüber unangemessen und vollkommen neben der Rolle. Zum Beispiel wenn Sie als Gruppenleiterin mit dem Porsche Ihres Freundes auf dem Firmenparkplatz stehen und der Geschäftsführer aus Sparsamkeitsgründen einen Mittelklasse-Wagen fährt. Entwickeln Sie Ihr Stilgefühl, Ihren Takt und nutzen Sie Ihre Fähigkeit zum Understatement. Nur Sie selbst können entscheiden, welche und wie viel Wirkung Sie haben wollen. Um das Optimum herauszufinden, nutzen Sie Ihre Intuition, körperliche und emotionale Hinweise sowie Ihren Verstand gleichermaßen:

1. Hören Sie in sich hinein, achten Sie darauf, was Ihre innere Stimme sagt. Sie ist meistens ganz leise, deshalb seien Sie aufmerksam.
2. Spüren Sie, welche Gefühle Sie gerade haben. Begeisterung und ein leicht flaues Gefühl, ähnlich wie Lampenfieber, bringen Sie wahrscheinlich in Höchstform. Beklemmungen oder Warnsignale deuten eher auf ein »So nicht!«.
3. Wenn Sie diese beiden Informationen haben, kommt der Realitäts-Check: Welches sind die konkreten Fakten – was macht Sinn in dieser Situation?

Dann entscheiden Sie, mit welcher Dosis Wirkung und Sichtbarkeit Sie den meisten Erfolg verbuchen können, und berücksichtigen Sie, was für Sie in Ihrer Funktion und Rolle in diesem Moment ein Erfolg ist.

Vorankommen auf der Karriereleiter

Sie wollen weiter oben mitspielen und auf der Karriereleiter vorankommen? Dazu müssen Sie auf dem Business-Spielfeld positiv auffallen und sich als kompetente Dschungelspielerin profilieren. Nutzen Sie jede sinnvolle Gelegenheit, um gleichzeitig als Profi und als angenehme Persönlichkeit wahrgenommen zu werden. Dazu müssen Sie weder die Ellenbogen ausfahren noch die hoffentlich aus Ihrem Wortschatz verbannte »Belastbarkeit« hervorholen oder sich gar ungesund verbiegen. Besinnen Sie sich auf Ihre Stärken, Ihr unverwechselbares Portfolio, Ihren eigenen Weg und Ihre Strategie aus dem ersten Teil dieses Buches.

Lassen Sie sich nicht verunsichern!

Eigene Interessen durchzusetzen ist für uns Frauen anscheinend immer noch etwas schwierig. Versuchen wir es nett und freundlich, sagt man, wir hätten keinen Biss. Werden wir direkt und deutlich in unserer Kommunikation, nennt man uns aggressiv. Sind wir sachlich und präzise, heißt es, wir wären eine Karrieretussi. Wie wir es auch machen, machen wir es in den Augen der Umwelt falsch.

Deshalb: Machen Sie es für Sie selbst passend und gehen Sie Ihren Weg, anstatt sich von den anderen in die Irre führen zu lassen. Mit charmantem Biss, klarer Bestimmtheit, lösungsorientierter Initiative und kompetenter Entscheidungsfreude machen Sie eine gute Figur.

Kurz & bündig

Business-Spielregeln: Erfolgreiche Sichtbarkeit im Unternehmen will gelernt sein und im Scheitern liegen viele Chancen dazu. Es wird Ihnen nicht immer alles gelingen. »Erfolg ist, es einmal mehr probiert zu haben«, soll der Erfinder Edison gesagt haben. Lernen Sie aus dem Nichtgelingen, es beim nächsten Mal besser zu machen, und denken Sie daran, diese Erkenntnis Ihren Erfolgen hinzufügen. Folgende Tipps sollten Sie beherzigen:

- ❑ Finden Sie heraus, wo die wahren Interessen und Bedürfnisse Ihres Gegenübers liegen. Seien Sie sich über Ihr eigenes Ziel im Klaren. Wenn Sie beide Bedürfnisse unter einen Hut bringen können, haben Sie schon fast gewonnen.
- ❑ Sorgen Sie für Win-Win-Situationen. So nennt man es, wenn jeder mit einem guten Gefühl aus Verhandlungen kommt. Voraussetzung dafür ist, dass Sie wissen, worauf der andere Wert legt und was er wirklich haben will.
- ❑ Spielen Sie einen möglichen Gesprächsverlauf vorher in Gedanken oder mit einem Sparringspartner in den Varianten zufriedenstellend, optimal und schwierig durch. Derart mental vorbereitet, fühlen Sie sich in der Live-Situation wesentlich sicherer – und das strahlen Sie aus.

- ❑ Bleiben Sie hartnäckig! Das ist wichtig, um sich durchzusetzen. Denken Sie über mögliche Alternativen nach, falls es nicht so klappt, wie Sie es sich vorstellen. Ein guter Spruch ist: »Gehe zur Vordertür hinaus und komme zur Hintertür wieder herein.« Definieren Sie Ihre Schmerzgrenze beim Nachgeben, wo beginnen Sie, Ihr Gesicht zu verlieren und unglaubwürdig zu werden?
- ❑ Wenn Ihr Ansinnen auf Kritik stößt: Fragen Sie konkret nach, was genau anders sein soll. Wird unberechtigt Kritik an Ihnen geübt, fordern Sie Sachkompetenz ein, fragen Sie konkret nach, was gemeint ist, und vermeiden Sie den Anschein einer beleidigten Leberwurst. Bewahren Sie die Contenance, auch wenn Kritik selten freut und auch mal weh tut. Berechtigte Kritik ist ein deutlicher Hinweis auf Ihre Wachstumschancen. Nehmen Sie sie ernst und lassen Sie entsprechende Taten folgen.
- ❑ Behandelt man Sie unfair oder stellt man Sie bloß, fragen Sie in sachlichem Ton, was Sie dazu beigetragen haben, dass man Sie so behandelt. Sich selbst sollten Sie allerdings vorher gefragt haben, was Sie dahingehend unternommen haben, damit man sich so verhält, wie Sie es sich wünschen. Vorsicht: Mit der oft empfohlenen Schlagfertigkeit am falschen Ort produzieren Sie womöglich ein Wortgemetzel, bei dem jeder Schaden nimmt und keiner gewinnt.
- ❑ Auch wenn Sie mit Ihrem Anliegen zur Vordertür hinauskomplimentiert wurden, können Sie jederzeit durch die Hintertür wieder hereinkommen. Suchen Sie sich Unterstützer und Verbündete, lernen Sie dazu, überlegen Sie sich eine noch bessere Argumentation etc.
- ❑ Lächeln Sie – es ist die charmanteste Art, anderen die Zähne zu zeigen. Bleiben Sie verbindlich, sachlich und höflich – egal wie sich Ihr Gegenüber verhält.

Literaturempfehlungen

Allgemein, Erfolg und Strategie:
Bauer-Jelinek, Christine: *Die helle und die dunkle Seite der Macht.* ecowin 2009
Fädrich, Stefan: *Das Domino-Prinzip.* Droemer-Knaur 2009
Niven, Paul R.: *Balanced Scorecard, Schritt für Schritt.* Wiley-VCH, 2. Auflage 2008
Ryschka, Jurij: *Veränderungen in der Firma – und was wird aus mir?* Wiley Verlag 2007
Templar, Richard: *Die Regeln der Arbeit.* Börsenmedien 2009

Karriereplanung und Bewerbung:
Buckingham, Marcus: *Entdecken Sie Ihre Stärken jetzt!* Campus Audiobook 2009
Hofert, Svenja: *Bewerben ohne Bewerbung.* Eichborn 2005
Nuber, Claudia: *Auffallend gut.* Verlag Moderne Industrie, 3. Auflage 2006

Führung und Management:
de Bono, Edward: *Das Sechsfarben-Denken* (Sechs-Hüte-Methode!). Econ 1987
Gamm, Frieder: *Verhandlungen gewinnt man im Kopf.* Redline Wirtschaft, 2009
Fisher/Ury/Patton: *Das Harvard-Konzept – sachgerecht verhandeln.* Campus, 23. Auflage 2009
Schaufler, Birgit: *Frauen in Führung.* Huber Bern 2000
Sprenger, Reinhard K.: *Mythos Motivation, Prinzip Selbstverantwortung, Vertrauen führt. Worauf es in Unternehmen wirklich ankommt.* Campus Business Classics, Audiobook, 2007
Zwygart, Ulrich: *Wie entscheiden Sie?* Haupt-Verlag 2007

Emotionale Intelligenz, Soft-Skills, Körpersprache, Mobbing:

Deutscher Manager-Verband, Handbuch Softskills, Vdf Hochschulverlag 2003

Lehmann, Heinz: *Mobbing – Psychoterror am Arbeitsplatz und wie man sich dagegen wehren kann.* Rowohlt, 12. Auflage 2002

Molcho Samy: *Körpersprache des Erfolges.* Ariston 2005

Neuhaus, Helena: *Emotionale Intelligenz im Führungsalltag.* Praxium, 2007

Selbst-PR, Kommunikation, Benehmen, Netzwerken

Baum, Tanja: *Die Kunst freundlich Konflikte zu lösen.* Redline Verlag 2006

Beyer, Günther: *Der Ferkel-Faktor.* Econ 2008

Etrillard, Stephane: *Selbst-PR. Klappern gehört zum Handwerk.* Breuer & Wardin Audiobook, 2004

Neumann, Reinar/Ross, Alexander: *Der perfekte Auftritt.* Murmann Verlag 2004

Ruck, Karin: *Networking für freche Frauen.* Redline Verlag 2006

Sutton, Robert C.: *Der Arschloch-Faktor.* Heyne 2008

Wrede-Grischkat, Rosemarie: *Manieren und Karriere.* (Der Protokoll-Klassiker!) Gabler-Verlag, 5. Auflage 2006

Kunden, Service und Vertrieb:

Hübner, Sabine: *Service macht den Unterschied.* Redline Verlag 2009

Kenzelmann, Peter: Kundenbindung: *Kunden begeistern und nachhaltig binden.* Cornelsen Pocket Business, 2007

Vortrag und Präsentation:

Will, Hermann: *Minihandbuch Vortrag und Präsentation.* Beltz, 6. Auflage 2006

Zelazny, Gene: *Wie aus Zahlen Bilder werden.* Redline Wirtschaft 2006

Stichwortverzeichnis

Über die Autorin

»Vom Denken zum Handeln« ist die Maxime von Claudia Nuber. Sie coacht international Menschen, die ihre beruflichen und persönlichen Vorstellungen erfolgreich verwirklichen. Sie arbeitet am Telefon ebenso wie im persönlichen Gespräch auf Deutsch und Englisch.

Mehr unter www.claudia-nuber.de und www.cnconsult.de

Danke!

Mein Dank gilt allen, die auf ihre einzigartige Weise zum Entstehen dieser Business-Spielregeln beigetragen haben, die mir ihr Vertrauen schenken und die großzügig ihr Wissen mit mir teilen. Dadurch kann ich noch mehr Tipps und Erfahrungen an Sie weitergeben. Dankbar bin ich meiner persönlichen Unterstützungsstruktur und Reinhard Gründer, der mich mit menschlicher Größe und Liebe durch das Leben begleitet.

Meine Testleserinnen Astrid Beger, Susanne H. Keller und Barbara Klause gaben kritischen und hilfreichen Input, Christine M. Huber war standfest, geduldig und strukturiert meine beste Sparringspartnerin. Alle haben die Qualität dieses Buches maßgeblich mitbestimmt. Danke!

Last not least danke ich Ihnen, liebe Leserin/lieber Leser, für Ihr Interesse und Ihre mutige Bereitschaft, sich zu hinterfragen, um sich im Vertrauen auf Ihre Kraft weiterzuentwickeln. Gern bin ich als Coach für Sie da. Ich wünsche Ihnen ein konstruktives Vorankommen und freue mich über Ihr Feedback!

Ihre Claudia Nuber
www.claudia-nuber.de